U0051893

新古典浪漫美學

手製珠寶花飾

以琉璃珠・珍珠・天然母貝
串起純粹之美＆永恆的幸福

Photo ／作者提供
攝影師／ Gary Chiu
模特兒／張凱堤

About author

葉雙瑜

從小在花草世界長大。

媽媽是知名的花藝設計師，

經她雙手巧製的手染花都能栩栩如生，

總能創造出令人驚歎的花藝作品。

正因如此，跟著媽媽戀花、習花，

深深埋下我對花藝的熱愛。

曾就讀七年設計系，

以古藝新創加入喜愛的珠寶元素，

不斷創作找尋新風貌。

Preface

我將熱愛的繽紛多彩寶石元素

與大自然中美妙的花草姿態結合為一。

以水晶、琉璃、蕾絲等元素，

加入獨特創意以銅線材變化串製與纏繞技巧，

發展設計出一系列的特色捧花與手工飾品。

將每件作品化作藝術品般地呈現

一束捧花、一對胸花或一只頭飾，

都訴說著一個故事、一種美學、一份獨特自信與品味。

將綻放的幸福光芒，永久珍藏保留。

帶著這樣的信念，

我深信每個人都有屬於自己的飾品，

不論是優雅低調或華麗綻放。

本書作品以花卉為靈感來源，

運用不同材料元素的碰撞結合展現各式花草姿態。

作品以胸針為主，

亦能延伸變化，製作手環或頭飾等其他飾品。

請發揮巧思和創造力，設計專屬於你的獨一作品！

葉雙瑜

Photo／作者提供
攝影／黄明憲

Photo／作者提供

從珠寶捧花設計開始，發展出飾品＆家飾系列，每年至少推出四季的新品。

以自創的纏繞方式，結合線材與各式珠寶、水晶、珠飾，

純手工打造各類飾品＆客製化訂製，並開設珠寶花藝與手作飾品課程。

除了台灣，更有遠從美國、新加坡、馬來西亞、陸港澳等學生前來學習手作技巧，深受歡迎。

商品亦多次刊登於報章雜誌與電視報導 。

Anego Studio
粉絲頁：https://www.facebook.com/anegostudio
官網：www.anego-studio.com

Contents

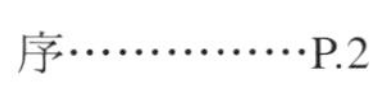

葉型設計

花型設計

枝線設計

五金組合

Part4 作品組合……………P.92 至 P.117

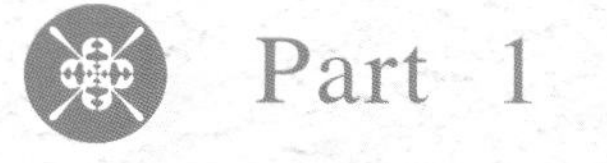

Part 1 / 作品欣賞

Cherry Blossom Fairy

櫻・精靈

一年之中總有幾天等待櫻花盛開的心，讓我們雀躍不已。

那，何不將它永久珍藏於手心？

使用手工琉璃串製晶透櫻花，點綴琉璃綠葉展現自然獨特線條之美。

花型／櫻 Cherry Blossom

How to make ／ P.94

Brooch／胸針

女孩心裡的芭蕾夢——

小時候可曾幻想穿起蓬蓬裙，套上美麗的硬鞋？

將夢境化為真實，優雅旋轉時遇見粉櫻的盛開。

Bouquet／捧花
Photo／作者提供
攝影師／吳建樺
模特兒／ Yi-Wei Tien

Gabriel

天使加百列

走進紅毯的那一刻，
手捧的花是什麼樣貌呢？
若期待已久的那刻到來，
那畫面一定很美、很美！
以單朵姿態綻放，
閃耀如鑽石光芒，
無比耀眼地凝聚了所有美麗。
慶祝這值得珍藏的時刻！

花型／百合 Lily
How to make ／ P.100

Brooch／胸針

Pursuing Happiness

桑格花之戀

輕柔的銅金色與寧靜藍完美和諧，

使桑格花朵醞釀出法式的優雅情調。

花型／桑格花 Cosmos Bipinnatus Cav

How to make ／ P.114

Ring ／戒指

上 · Wristband ／手環　　下 · Brooch ／胸針

尋見普羅旺斯花田印象的一抹藍。

Photo／作者提供
攝影師／ Gary Chiu
模特兒／張凱堤

Midsummer Pearls

仲夏珍珠

運用「線與珠」交織而成的手環。

使用進口銅線串製天然米型珍珠製成立體花朵，

再運用編織技法排列設計複花款手環。

不僅結婚時可當手腕花禮使用，

亦可平日穿戴搭配，襯出獨特魅力。

材料／天然珍珠母貝 · 施華洛世奇水晶鑽 · 鍍銀銅線

左頁 · 上圖／ Wristband ／手環

The Graceful
梅・姿

梅，她正輕吐詩意的語彙。
她昂然於枝頭，含苞待放。
她屹立於寒風，冷豔盛開。
清透冰珠如真似幻，
凜冽中散發纖細之美。

花型／梅花 Plum Blossom
How to make ／ P.97

Brooch／胸針

Furnishings／花禮擺件
Photo／作者提供
攝影師／黃明憲

WALK AND WATCH II
DESIGN FEAST
SPA-DE
Feature : Dialogue with the Environment

Empress's Dream

繁華若夢

天然珍珠母貝如花瓣生姿，創作為意像蝴蝶蘭花。
多重瓣銀珠扇葉，層層堆砌「花中花」的立體感。
繁華富麗中訴出高貴優雅，如癡如夢。

花型／蝴蝶蘭 Moth Orchid
How to make ／ P.102

Brooch／胸針

Ring／戒指

繁複設計化作極簡之美。

將大海孕育出的珍品帶入生活，

為妳的指縫間增添一抹溫潤。

Photo ／作者提供
攝影／ Adams Chang
模特兒／ Vanessa Tsai

Grande Valse Brillante

華麗圓舞曲

多樣色彩迴異琉璃珠為花蕊，珍貴母貝製成立體花朵，

襯上復古感金銅葉

讓我們來譜出一場華麗圓舞曲吧！

花型／蝴蝶蘭變化款

上・Brooch ／雙朵胸針　下・Brooch ／單朵胸針

Floral Trio

花漾三重奏

結合裸色天然母貝，靛藍霧色管珠，與白菱形貝，
層次分明充滿節奏感，譜出和諧三重奏。
靈感汲取自大自然，
一件精緻獨特的配飾，使妳散發自信美麗光芒！

花型／繡球花 Hydrangea
How to make ／ P.105

上・Necklace／項鍊　下・Brooch／胸針

Photo／作者提供
攝影／ Gary Chiu
模特兒／張凱堤

六月是我最愛的時節。
總會在那時前往陽明山上，找個舒適角落坐下，
沉浸於整片繡球花海的景致。
各色之中特別喜歡淡淡的裸粉繡球，
對它情有獨鍾。
因此，看見天然粉貝原材時，
心中就浮現了這個畫面。

Bouquet／捧花

Fantasia

舞蝶幻想

雙色白瓣紫邊，光澤瀲灩清透。

豔紫琉璃珠集聚，細繪翩翩蝴蝶羽翼。

猶如舞蝶般在煦風中飛舞，描繪出輕盈的浪漫。

花型／紫羅蘭 Violet

How to make ／ P.112

Brooch ／胸針

Summer Floral Feast

初夏花宴

以豔麗鮮橘色彩＆迷人翠綠釉葉

調色出的新意！

初夏，你可以選擇戴上它綻放自信笑容。

花型／紫羅蘭變化款

Brooch／胸針

Pearl Only

珍珠唯一

清透珠延伸藤蔓線條，

將曲線妝點得更加愜意浪漫。

大小珍珠們層層堆疊，交織出新生命力。

以突顯珍珠溫潤光澤感為主，

刻意減少顏色變化，

呈現一種純粹之美。

花型／勿忘我 Myosotis Sylvatica

How to make ／ P.109

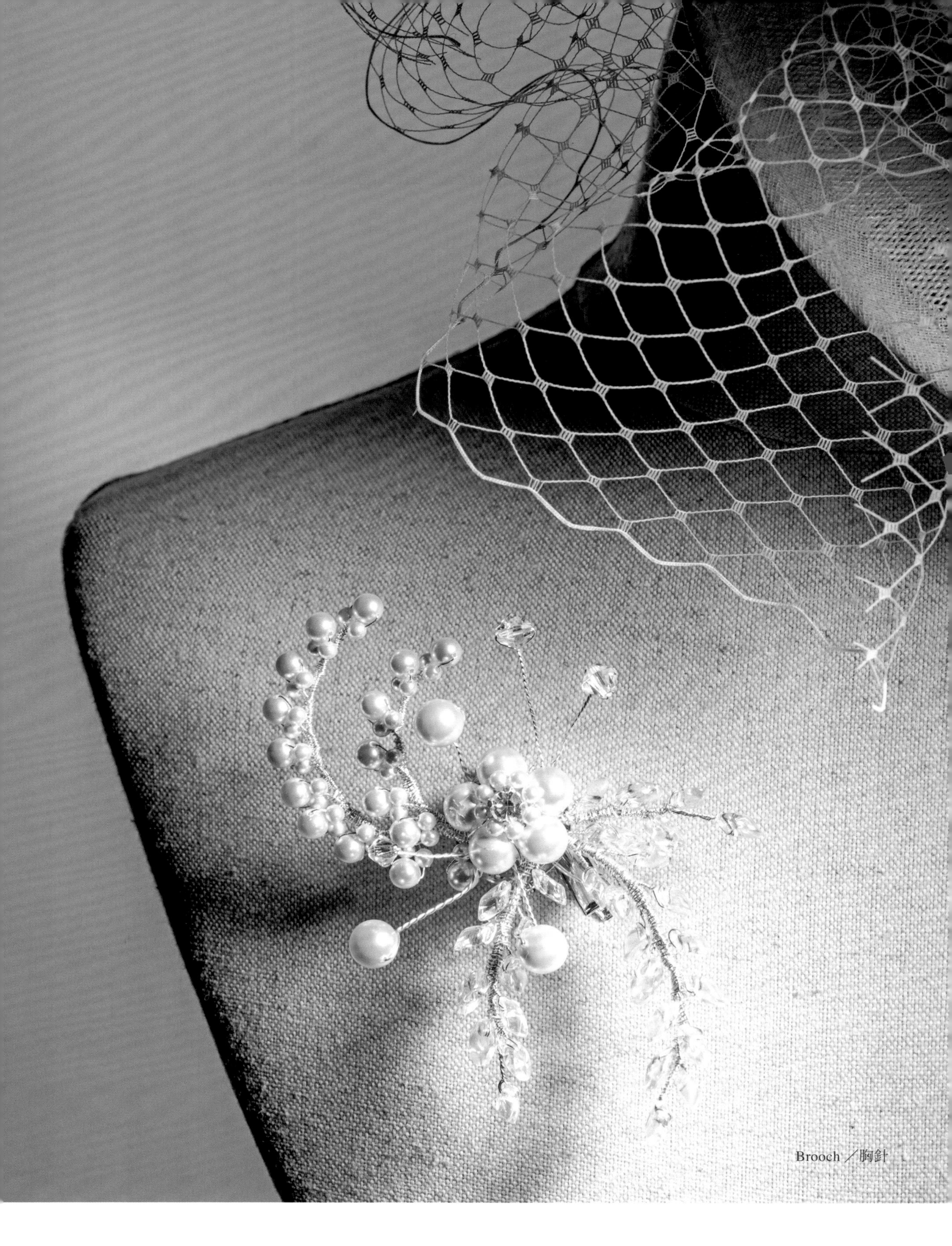

Brooch／胸針

Mirror of the Stars

星辰之鏡

閃爍著星光的綿延線條交錯，
彷彿邊境無限延伸。
望著夜空與工作桌上的朵朵花兒，
今晚，來創作個「天蠍座」吧！

花型／勿忘我變化款

Part 2 工具&材料

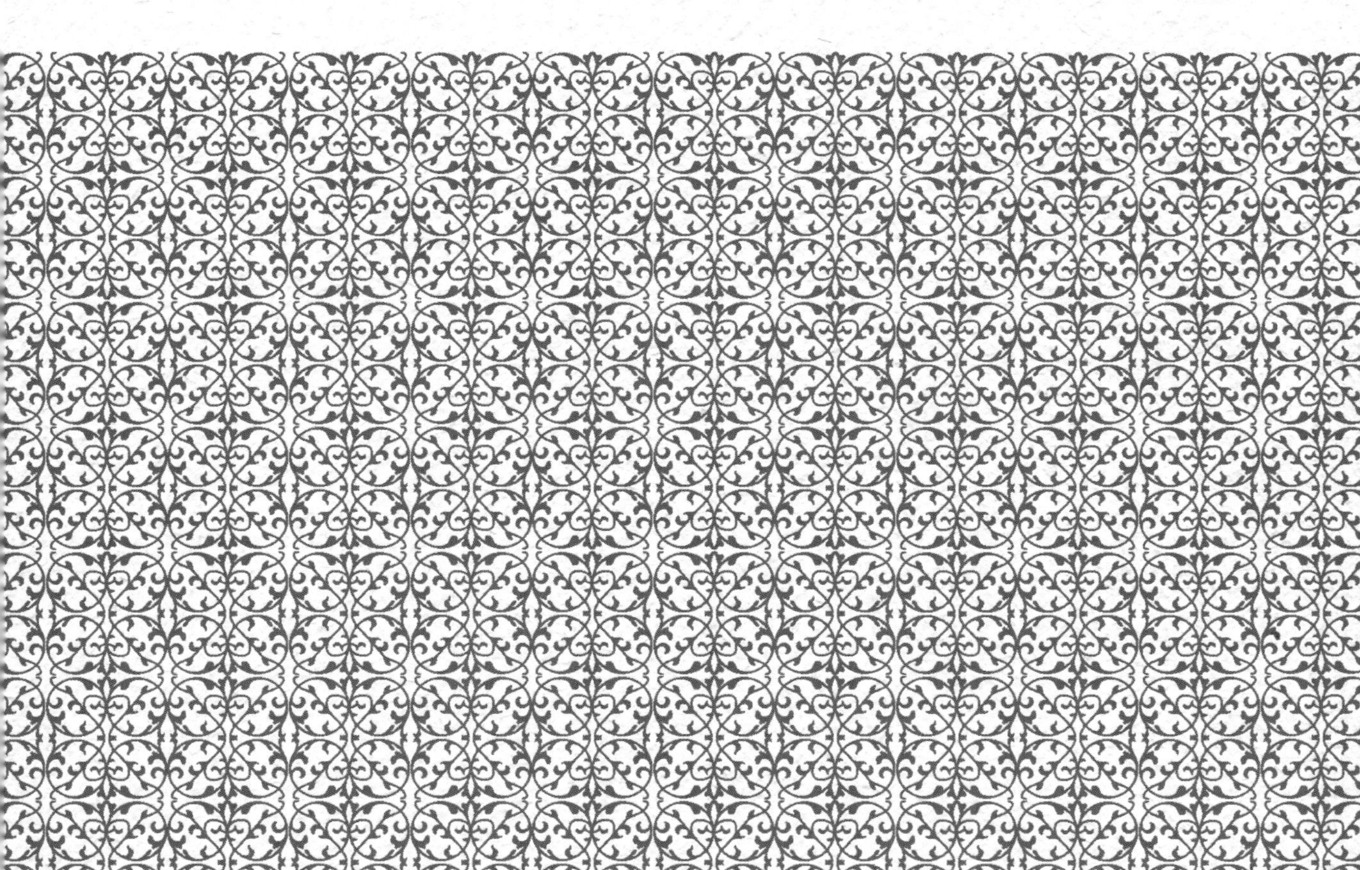

基本工具＆線材

隨手拿起紙本將腦海中浮現的靈感畫下來吧！將想像化為真實是無法言語的成就感！

Ⓐ 斜口鉗

用來剪斷銅線材，亦能修剪＆打薄作品厚度。

Ⓑ 平口尖嘴鉗

可將線材彎折成直角，或將尾線整理順直以減少不必要厚度。

Note：精緻的手工飾品需要仔細呵護，使用上請注意不要碰水和凹折，使用完畢後，建議以吹風機冷風除塵、除濕，放置於盒中保存。

Ⓒ 金屬銅線

可塑性高且不易變色的線材。本書作品皆使用銅線編織串製而成。常用銀、金、玫瑰金三色，來搭配珠材作出變化設計。即使同款作品，使用不同顏色的銅線也會有截然不同之美。

Ⓓ QQ線

具有彈性，用力纏繞後拉斷即可，不用打結也不會鬆脫。適用於綁緊精細花朵時。

進口珠

繽紛多彩的大琉璃珠種類多樣且光澤清透，適合作為主花。
菱形＆米粒形的小琉璃珠則可排列成葉形枝幹以作呈現。

建議創作時選定一個主色彩來作主花設計，
可以是單瓣單色也可以作雙層雙色變化，再擇配花與襯葉！
找塊自己喜歡的紋理底盤，在上頭排列出雛形後，就隨心創作吧！

鑽

作品中通常不會大面積使用鑽類飾品，僅將其點綴在花蕊處作為焦點，
或利用特殊造型的鑽飾編織成葉，來襯托突顯主花。

除了常見的白鑽和帶點色澤紋理的蛋白石，
黃銅底台鑲嵌正紅色鋯石的魅力，也很令人著迷。
想要創作閃耀且有溫度的作品時，不妨可以試試！

珍珠

有色彩尺寸多樣的施華洛世奇珍珠，
形狀大小各異的天然珍珠，或造型纖細精巧如米粒般的小米型珠……

除了運用巧思設計彰顯溫潤色澤，亦可與其他材質搭配，
使層次分明＆相互輝映，既能簡單輕柔也能奢華高貴。

天然母貝

天然母貝顏色光澤不盡相同，正因如此更能創作出既有生命力且如真花般的姿態。形似花瓣狀的母貝適合串製成多瓣立體花朵成為作品焦點。

Photo／作者提供
攝影／汪彥超

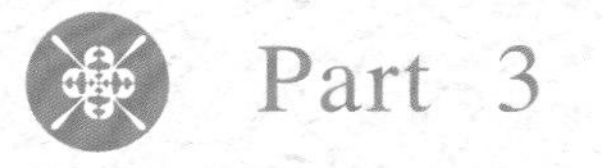

Part 3 基本技法

基礎技巧

取線 6cm

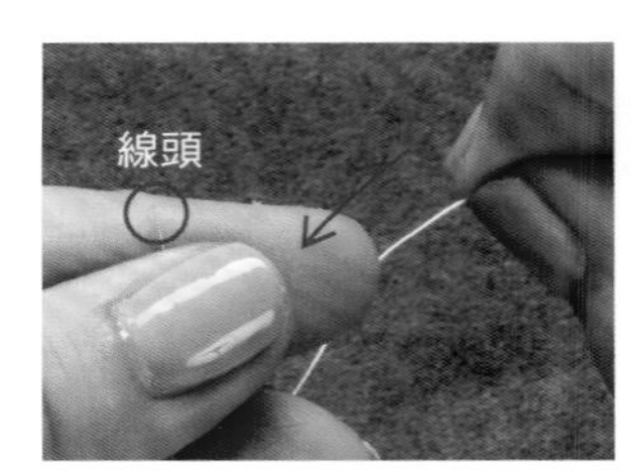

1 一端線頭朝上以拇指壓住，另一手將銅線纏繞兩指頭。

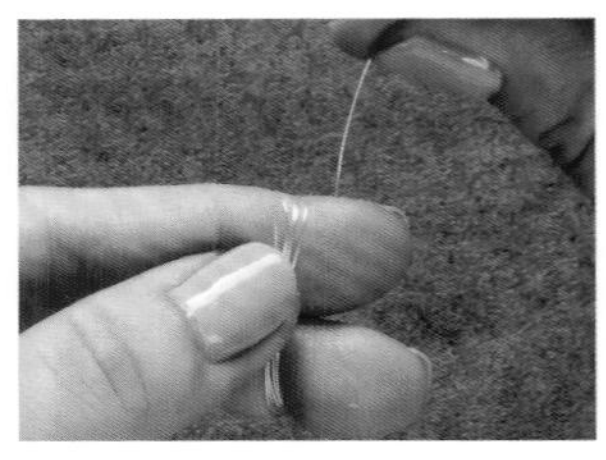

2 需要取多少條線就繞幾圈，最後同樣使尾線端朝上。

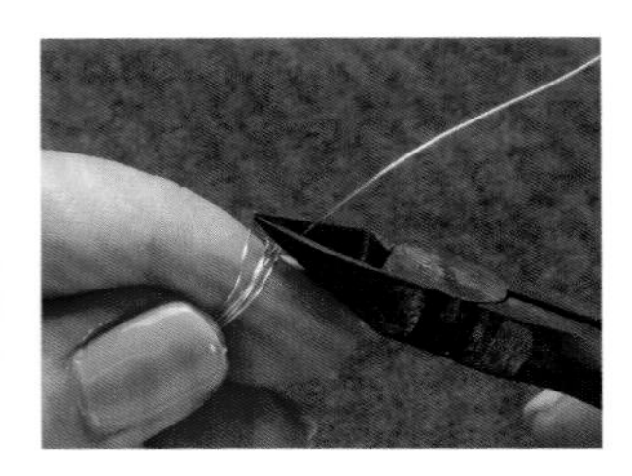

3 剪斷銅線，使尾線與線頭齊長。

4 抽出兩指頭，以鉗子從中剪開銅線圈。

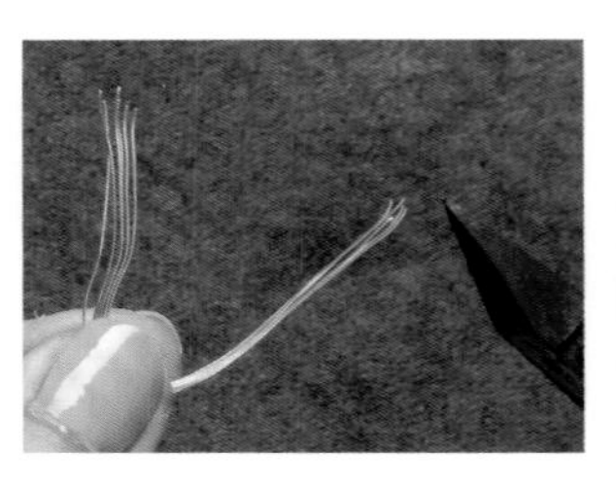

5 剪出平均等長的銅線。

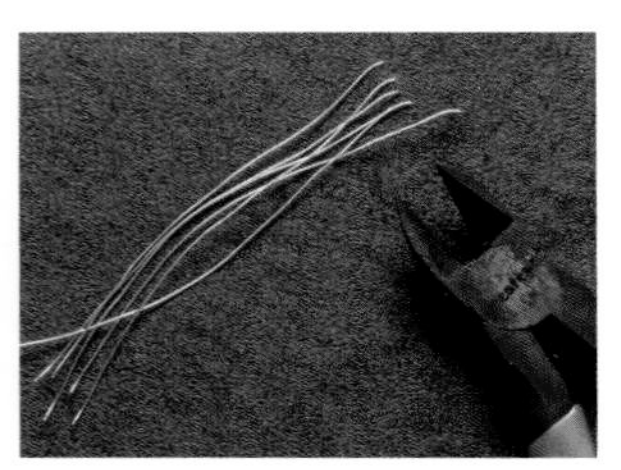

6 以兩指取線，約 6cm。

取線 10cm

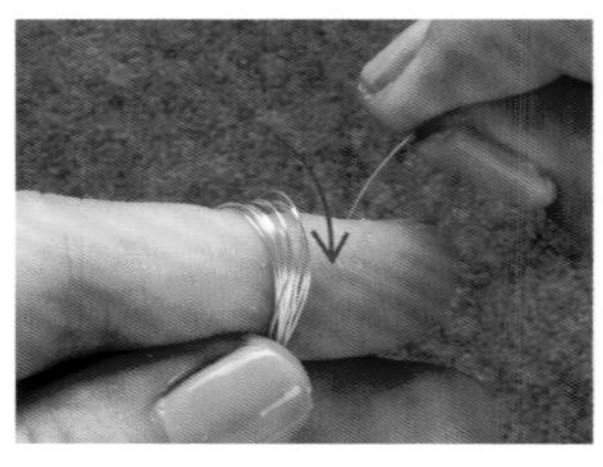

1 一端線頭朝上以拇指壓住，另一手將銅線纏繞四指頭。

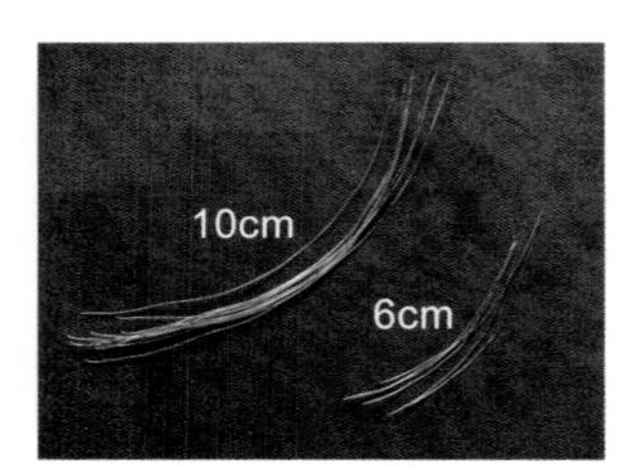

2 以兩指取線的相同作法，進行四指取線，最後完成的線長約為 10cm。

Note　線材長度應依串製的珠量來裁剪，以適當的長度製作，才不會導致主幹太過厚實不精巧！在開始串製之前，可以先思考此線材要運用在哪個環節中，如果要貼近底部可以採用兩指取線（6cm），如要作放射線條則建議以四指取線（10cm）。

組合加線

1 一手將 2 組枝材交疊在一起，另一手拿起銅線材。

2 在交會處下壓至預想製作枝幹的長度（以加線的線材一端為底線，另一端則用以纏繞）。

3 加新線材時，先跨過一個枝幹纏繞固定，以確保不會脫線。

4 跨過兩枝材中間。

5 繞 3 圈拴緊後，順線扭製麻花。

Note
如遇到斷線或線材不夠時，即可使用加線技巧。加線時需先跨繞過 1 枝幹或物件，以防止脫線。

繞線固定

1 以銅線穿過花蕊中心，下壓 2cm 加線。

2 另一端線由下而上跨過兩片花瓣後繞到正面，如畫星星般的繞法進行纏繞。

3 繞至正面後，再跨過另一片花瓣繞到下方。

Note
若無法以繞星星的技法一次固定，可以以同樣方式多繞幾次。注意拉緊線材時應避免多餘空隙，使正面不要看到線材，保持成品美觀。此技巧可免用黏膠，使花瓣呈現立體綻放的姿態。

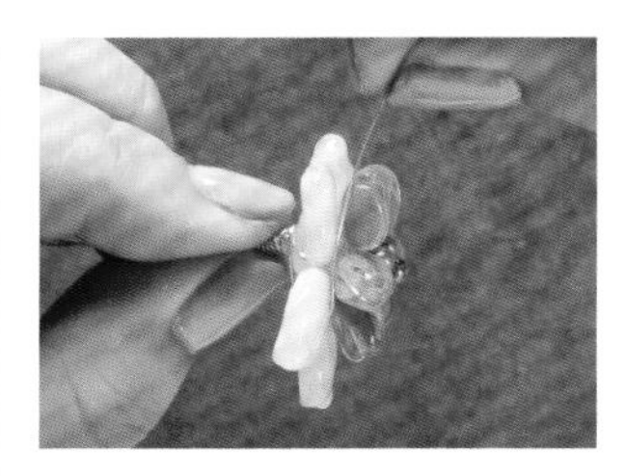

4 仔細地將銅線藏好，使正面不會看到繞線的線材。

5 依序由下而上跨過兩片花瓣，至全部花瓣都被提起。

6 自背面確認是否將每片花瓣都由下而上繞過一次加強固定（如星星狀）。

葉型設計／單葉

菱形水晶珠
（直洞）

1 準備 1 顆直洞菱形水晶珠，1 條約 6cm 的 28G 銅線。

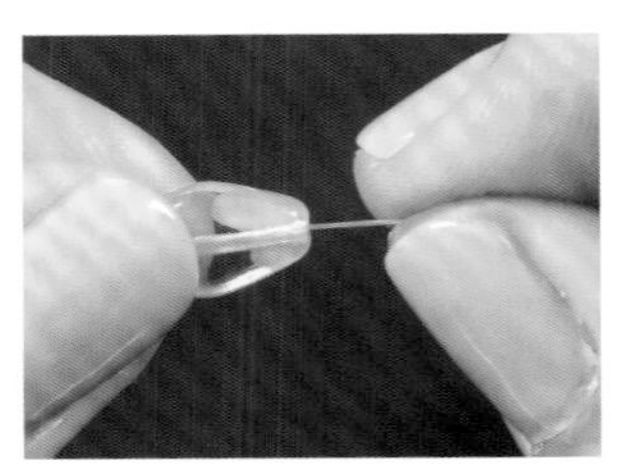

2 拉直銅線穿入孔中，將直洞水晶珠移至銅線中心，儘量保持兩邊線材等長。

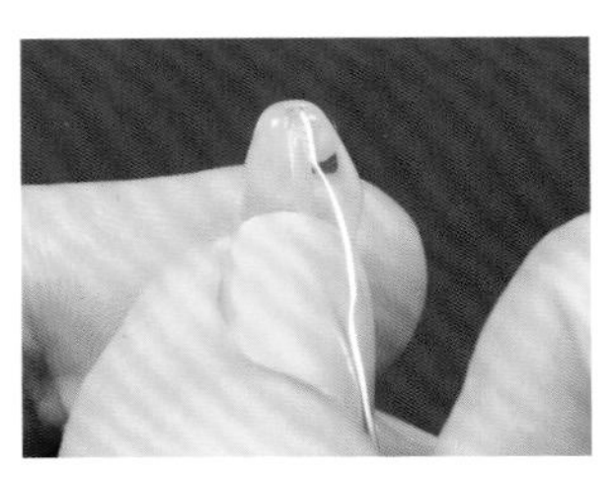

3 從頂部將銅線沿著水晶珠貼平下壓。

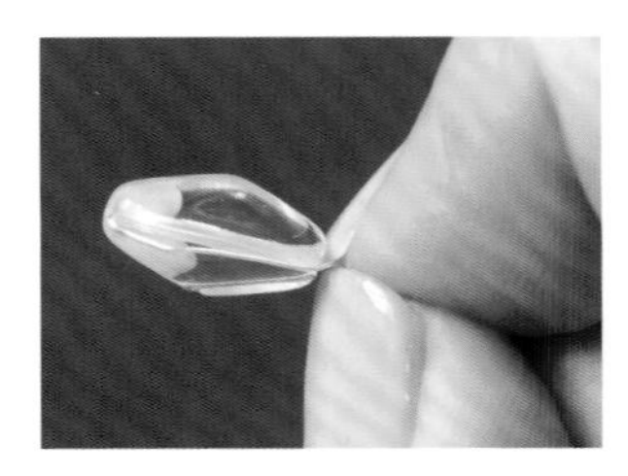

4 將銅線集合在底部中心點。

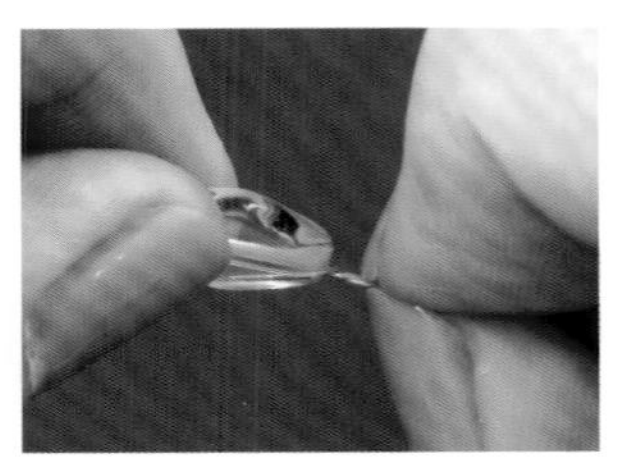

5 抓緊珠子順時針扭轉 3 圈拴緊，確認不會晃動。

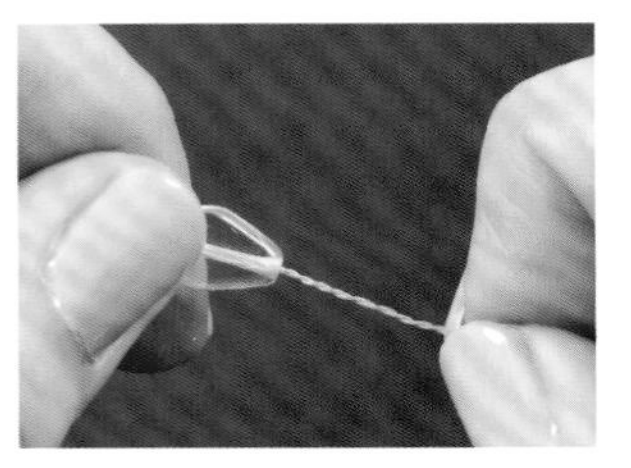

6 銅線端的手慢慢往後退，即可順直製作出美麗的麻花。

菱形貝殼珠
（直洞）

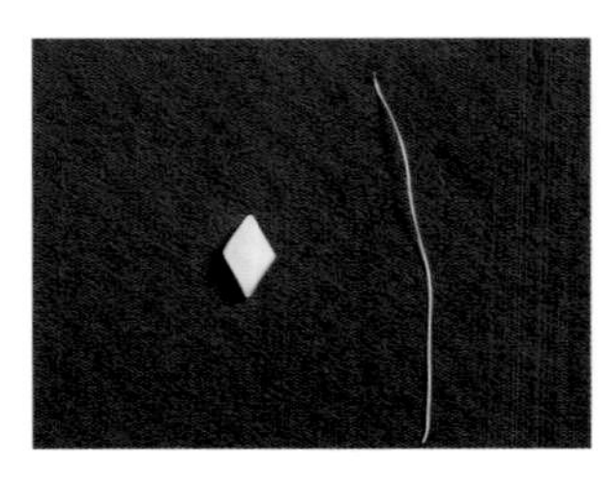

1 準備 1 顆直洞菱形貝殼珠，1 條約 6cm 的 28G 銅線。

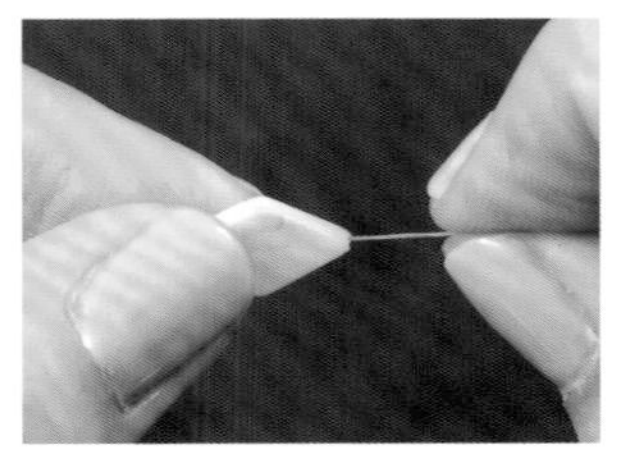

2 拉直銅線穿入孔中，將直洞菱形貝殼珠移至銅線中心，儘量保持兩邊線材等長。

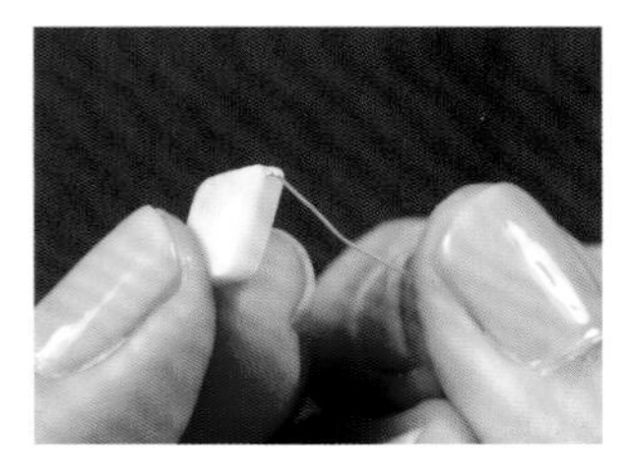

3 銅線從頂部貼平下壓。

4 確認銅線貼平珠面。

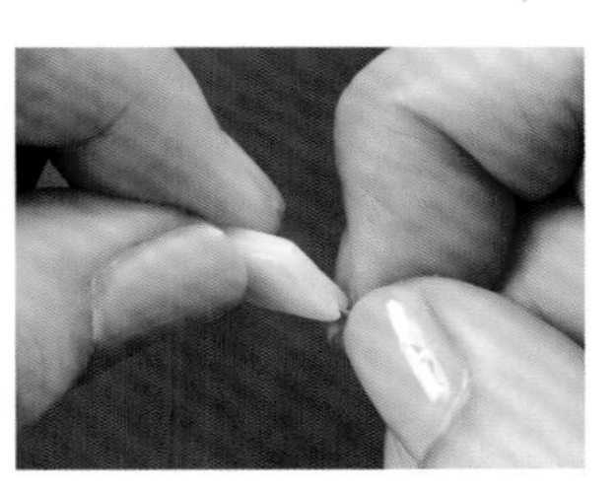

5 將銅線集合在底部中心點。

6 抓緊珠子順時針扭轉 3 圈拴緊後持續輕轉，另一手往後退順直銅線麻花即完成。

琉璃葉形珠
（橫洞）

1 準備 1 顆橫洞琉璃葉形珠，1 條約 6cm 的 28G 銅線。

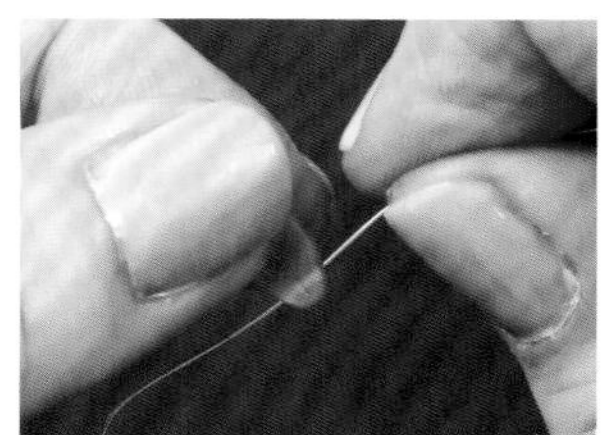

2 拉直銅線穿入孔中，將橫琉璃葉形珠移至銅線中心，儘量保持兩邊線材等長。

3 將銅線集合在底部中心點。

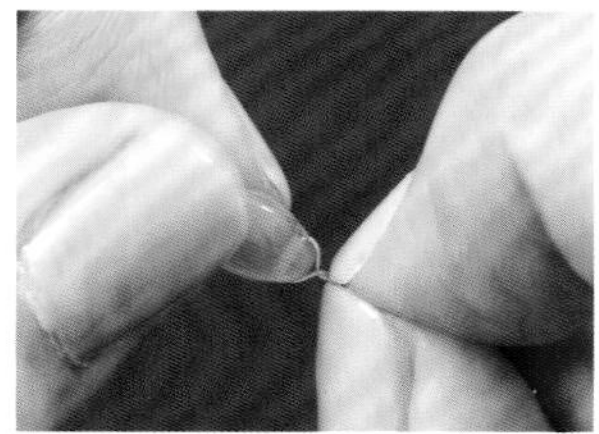

4 抓緊珠子順時針扭轉 3 圈後持續輕轉，另一手則往後退順直銅線麻花即完成。

米粒珠
（橫洞）

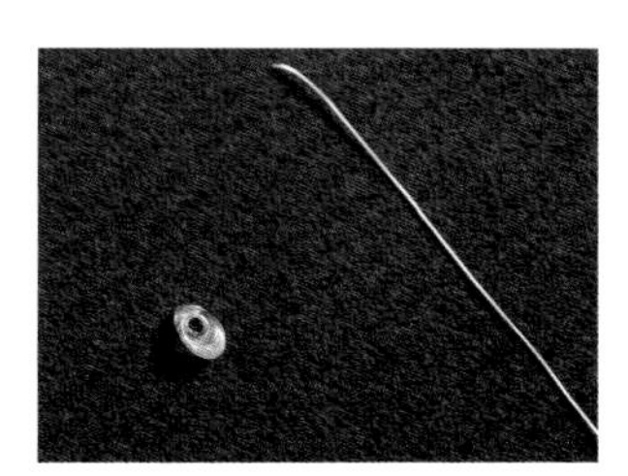

1 準備 1 顆橫洞米粒珠，1 條約 6cm 的 28G 銅線。

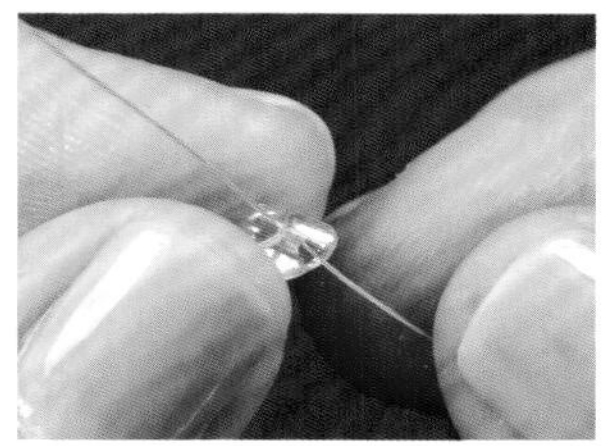

2 拉直銅線穿入孔中，將橫洞米粒珠移至銅線中心，儘量保持兩邊線材等長。

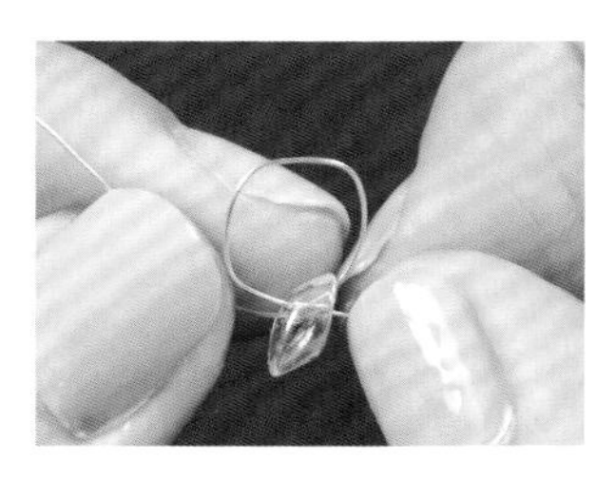

3 取一邊銅線回穿珠孔一次。

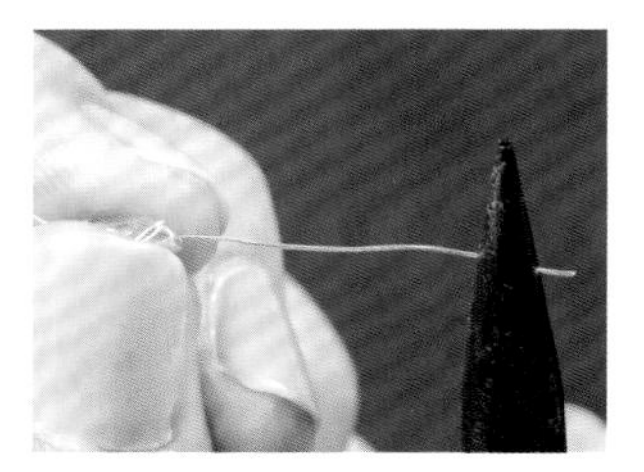

4 以平口尖嘴鉗拉緊兩側線材，使回穿的線平貼底部。

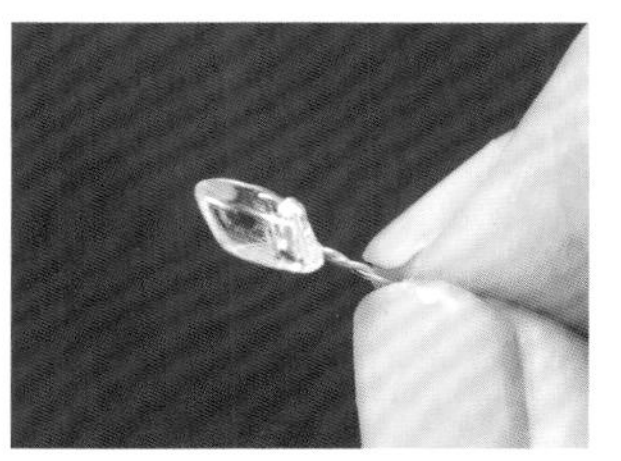

5 抓緊珠子順時針扭轉，另一手則往後退順直銅線麻花即完成。

Point
珠孔較大時，需使用「回穿」技法來製作。此技巧能避免孔太大不穩，導致珠子鬆脫晃動。

葉型設計／單葉

大頭水晶珠
（橫洞）

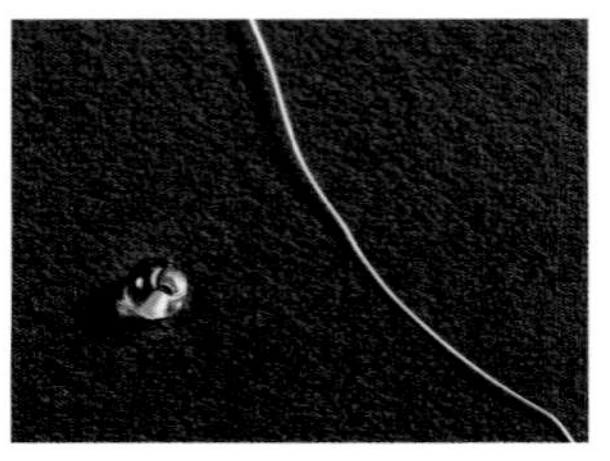

1 準備 1 顆橫洞大頭水晶珠，1 條約 6cm 的 28G 銅線。

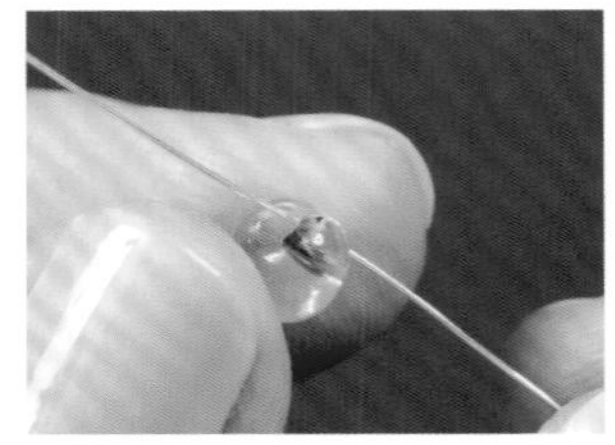

2 拉直銅線穿入孔中，將橫洞大頭水晶珠移至銅線中心，儘量保持兩邊線材等長。

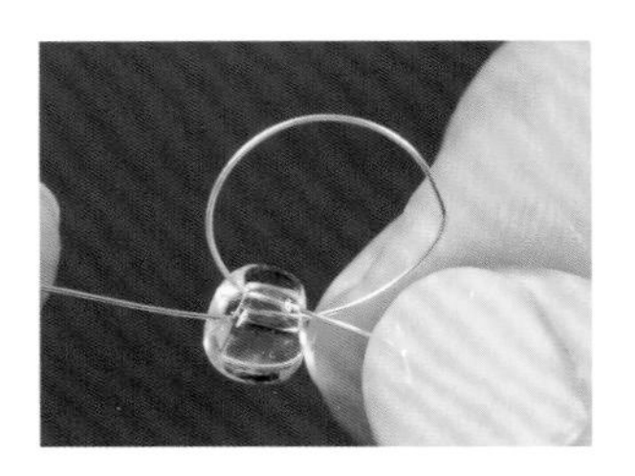

3 取一邊銅線回穿珠孔一次。

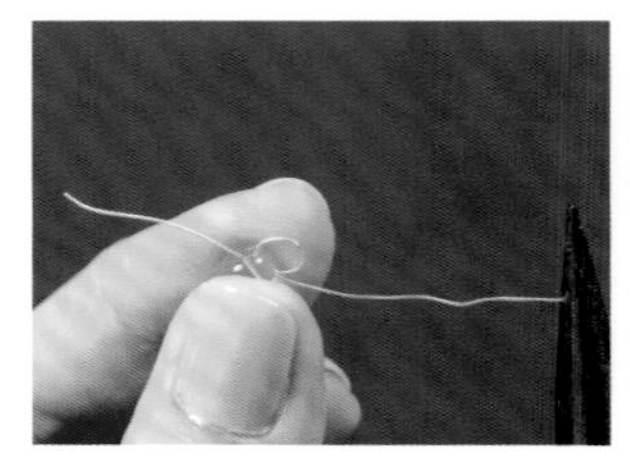

4 以平口尖嘴鉗拉緊兩側線材，使回穿的線平貼底部。

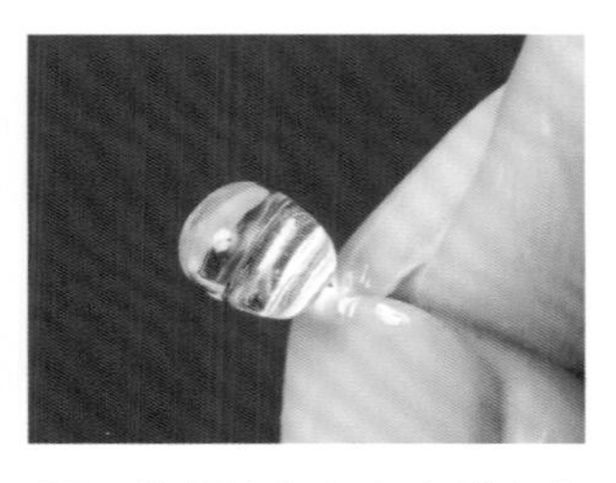

5 將銅線集合在底部中心點，抓緊珠子順時針扭轉 3 圈拴緊。

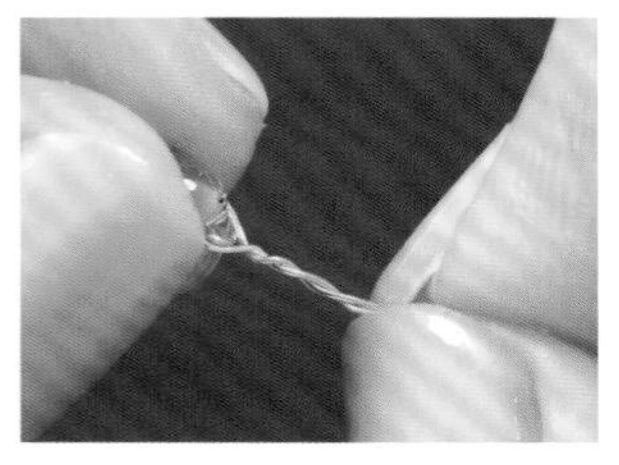

6 一手抓緊珠子頂部持續輕轉，銅線端的手則慢慢往後退＆順直，作出美麗的麻花即完成。

水滴珠
（橫洞）

1 準備 1 顆橫洞水滴珠，1 條約 6cm 的 28G 銅線。

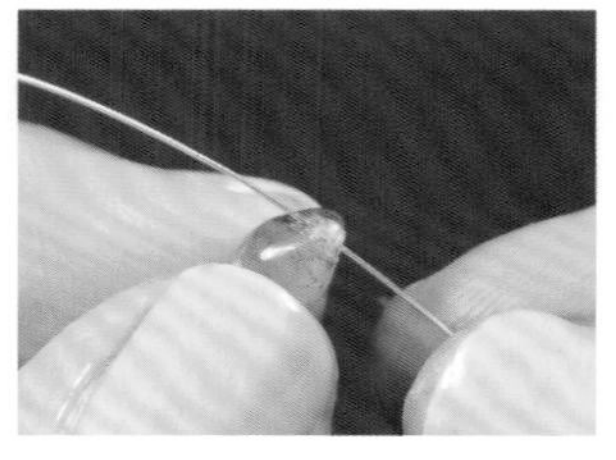

2 拉直銅線穿入孔中，將橫洞水滴形珠移至銅線中心，儘量保持兩邊線材等長。

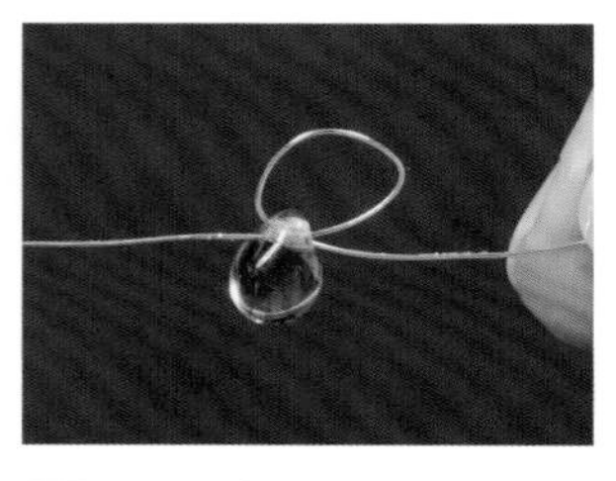

3 取一邊銅線回穿珠孔一次。

4 以平口尖嘴鉗拉緊兩側線材，使回穿的線平貼底部。

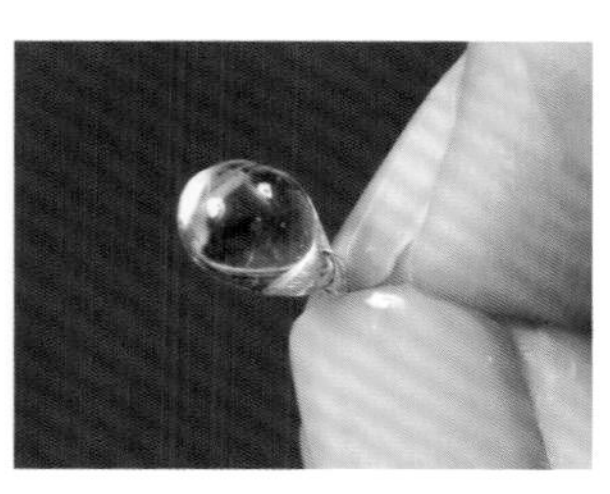

5 將銅線集合在底部中心點。

6 抓緊珠子順時針扭轉 3 圈拴緊後持續輕轉，另一手則往後退順直銅線麻花即完成。

葉型設計／三顆葉

水晶珠
（相同大小）

1 準備 3 顆相同大小的水晶珠，1 條約 8cm 的 28G 銅線。

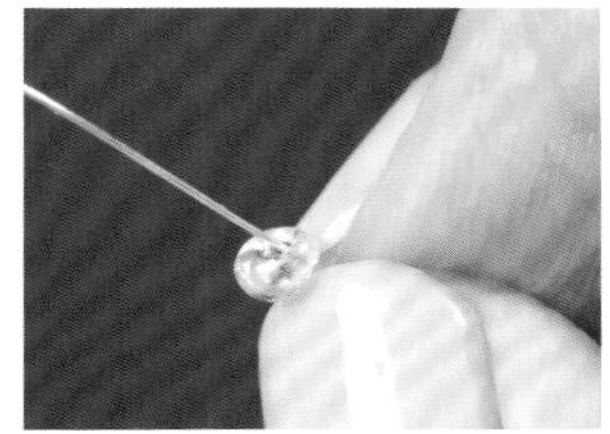

2 拉直銅線，穿入第 1 顆水晶珠。

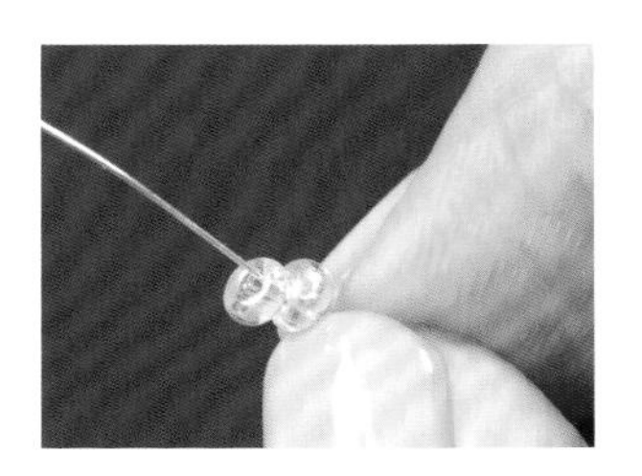

3 穿入第 2 顆水晶珠。

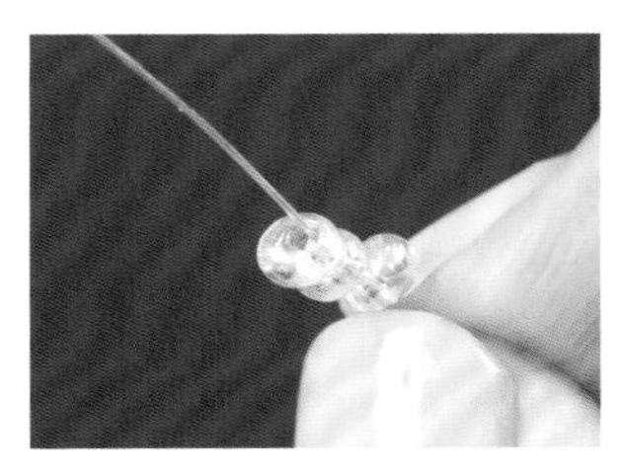

4 穿入 3 顆水晶珠後，將水晶珠一起移至銅線中心。

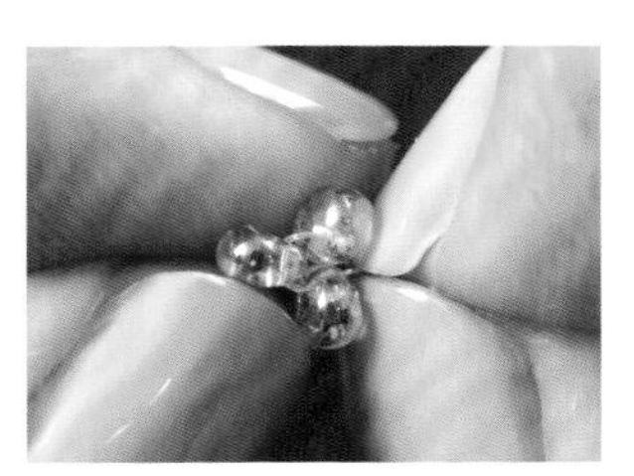

5 以手指尖將銅線順著水晶珠外圍彎折成三角形。先在中心點下方轉緊，確認不會晃動。再一手抓緊珠子順時針扭轉，另一手往後退順直銅線麻花即完成。

珍珠
（1 大 2 小）

1 準備 1 顆 5mm 珍珠、2 顆 3mm 珍珠，1 條約 8cm 的 28G 銅線。

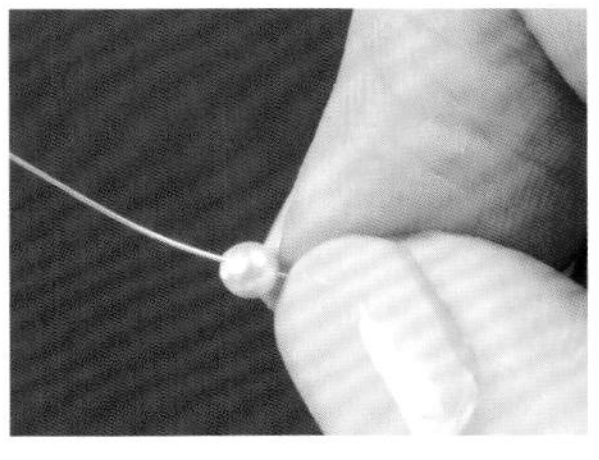

2 拉直銅線，穿入 1 顆 3mm 珍珠。

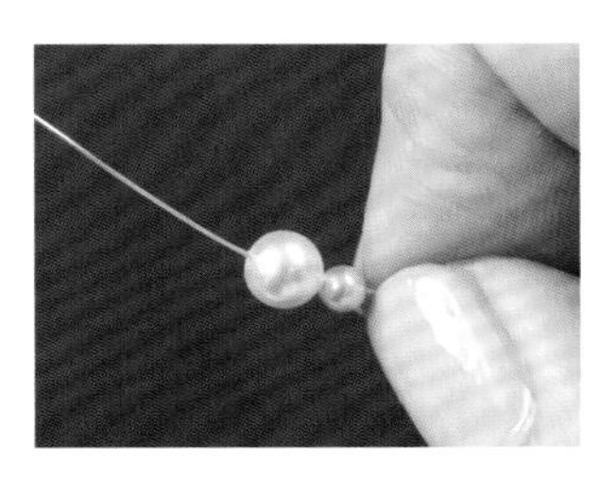

3 穿入 1 顆 5mm 珍珠。

4 再穿入 1 顆 3mm 珍珠。

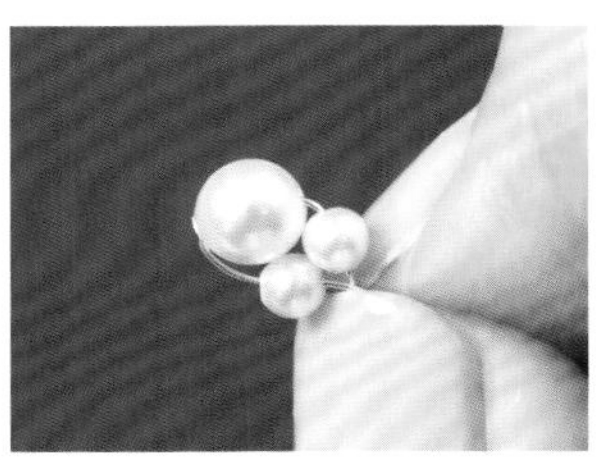

5 以手指尖將銅線順著珍珠外圍彎折成三角形。先在中心點下方轉緊，確認不會晃動。再一手抓緊珠子順時針扭轉，另一手往後退順直銅線麻花即完成。

葉型設計／三顆葉

三角珠
（1大2小）

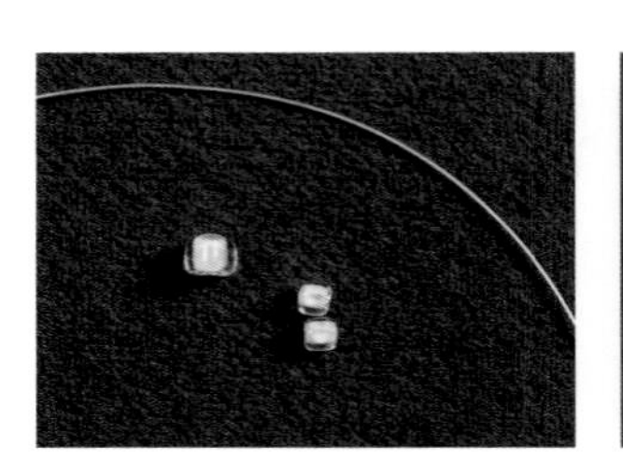

1 準備1顆6mm三角珠、2顆3mm三角珠，1條約8cm的28G銅線。

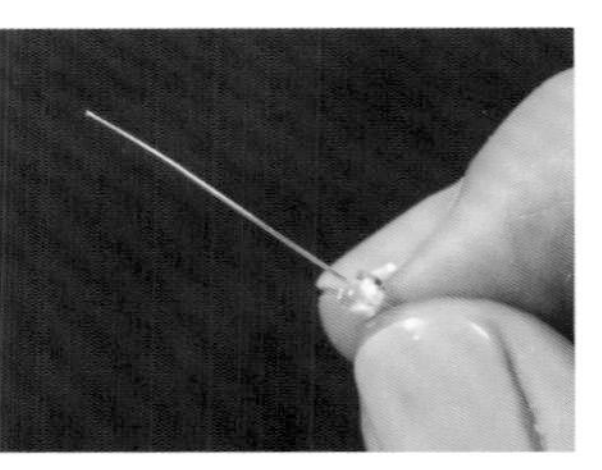

2 拉直銅線，穿入1顆3mm三角珠。

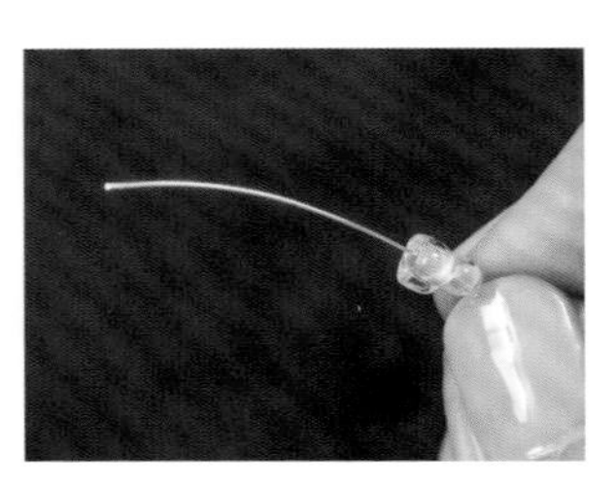

3 穿入1顆6mm大三角珠。

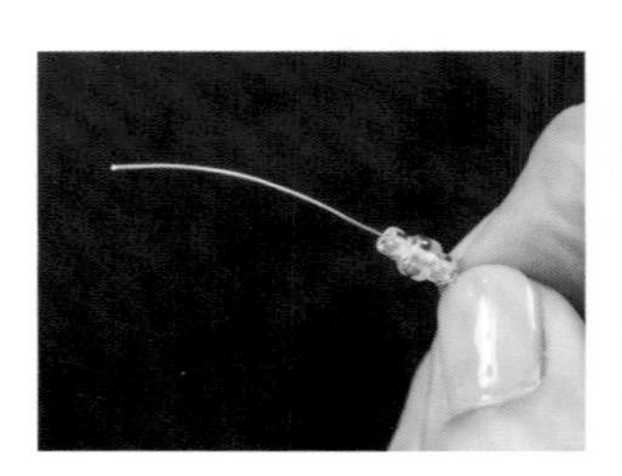

4 再穿入1顆3mm三角珠。

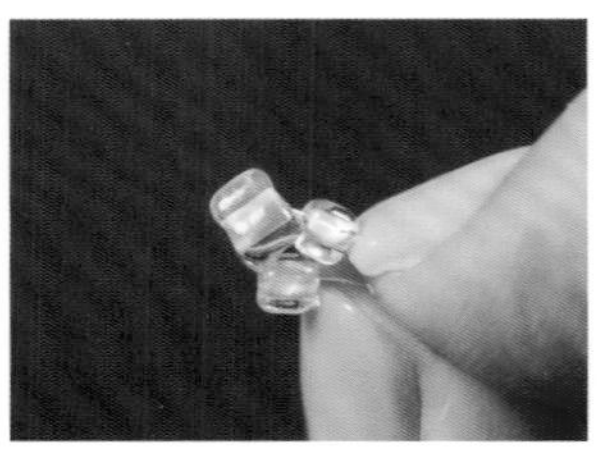

5 以手指尖將銅線順著三角珠外圍彎折成三角形。

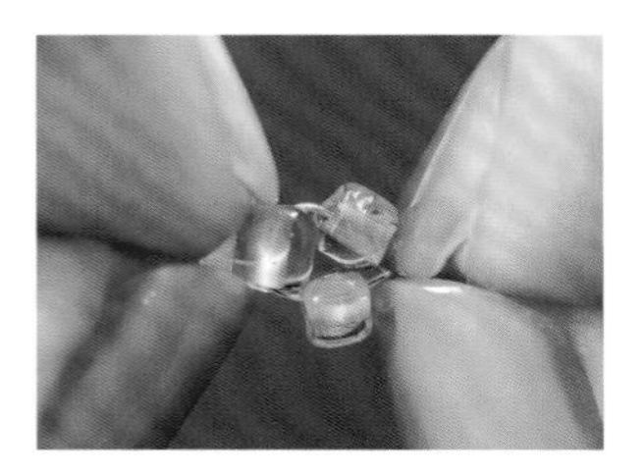

6 在中心點下方轉緊，確認不會晃動。再抓緊珠子順時針扭轉，另一手往後退順直銅線麻花即完成。

Note 運用大小珠來串製，就可以變化出層次感！
製作時要注意將銅線沿著珠子外圍彎折，並調整好角度。

葉型設計／扇形葉

銀珠
（相同大小）

1 準備 12 顆 2mm 銀珠，1 條約 10cm 的 28G 銅線。

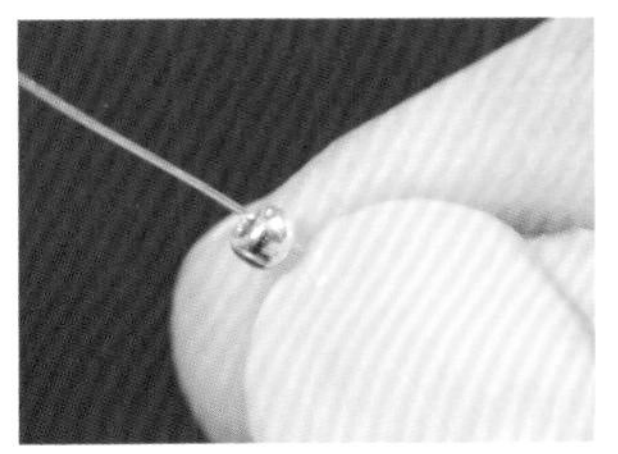

2 拉直銅線，穿入 2mm 銀珠。

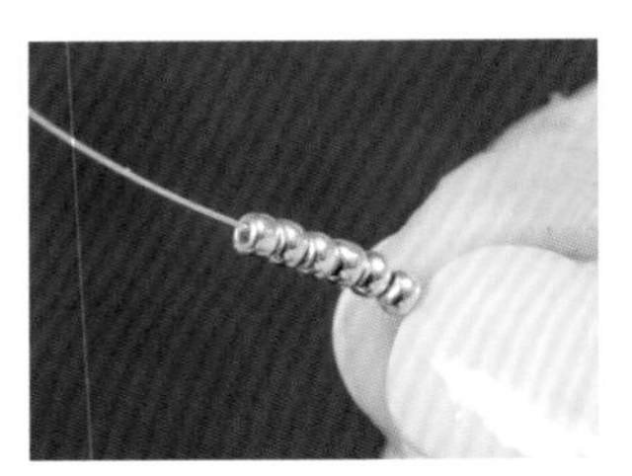

3 依序穿入銀珠。

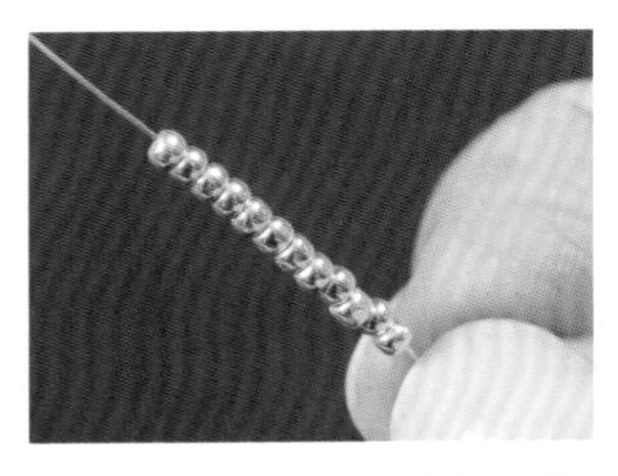

4 穿入 12 顆銀珠後，將珠子一起移至銅線中心。

5 以手指尖將銅線順著珠圍彎折下壓，並彎成扇形。

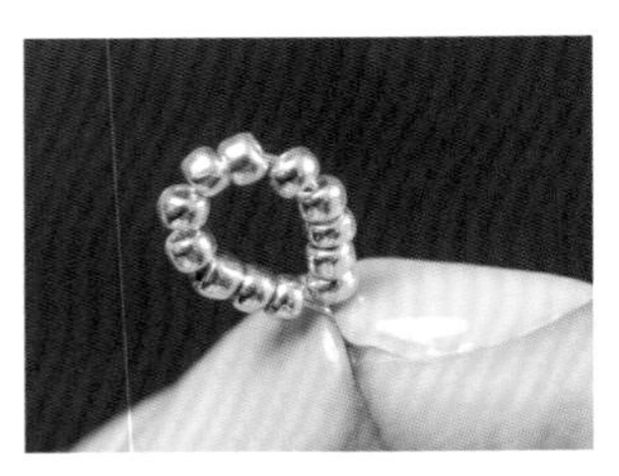

6 將銅線匯集在底部，順時針轉 3 圈拴緊即完成。注意銅線不要有空隙。

珍珠＋水晶角珠
（相同大小）

1 準備 1 顆 3mm 珍珠、10 顆 3mm 水晶角珠，1 條約 10cm 的 28G 銅線。

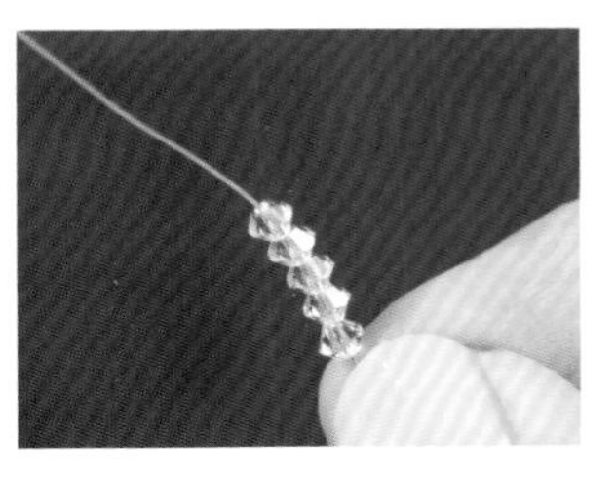

2 取 5 顆水晶角珠貫穿於銅線上。

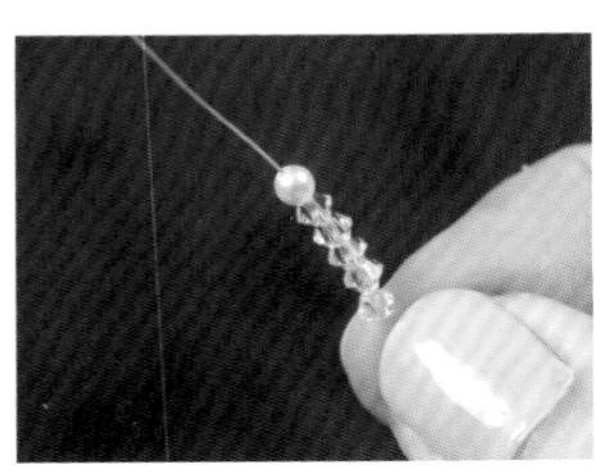

3 再穿入 1 顆 3mm 珍珠。

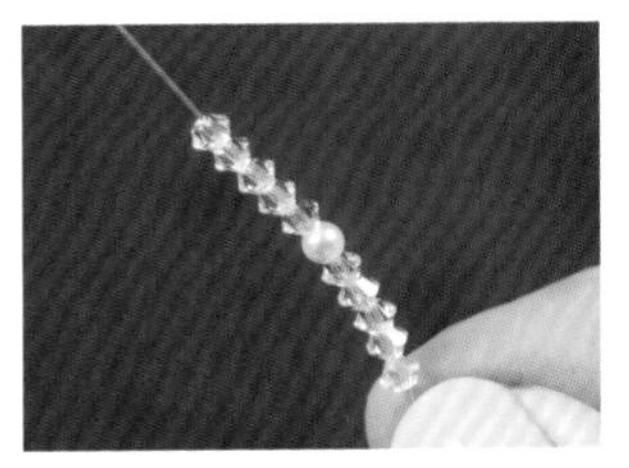

4 依序再穿入 5 顆水晶角珠，並將珠子一起移至銅線中心。

5 以手指尖將銅線順著珠圍彎折下壓，並彎成扇形。一手抓緊珠子順時針扭轉，另一手往後退順直銅線麻花即完成。

葉型設計／扇形葉

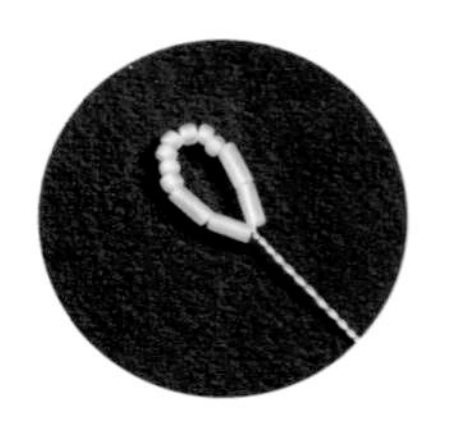

管珠＋小珠

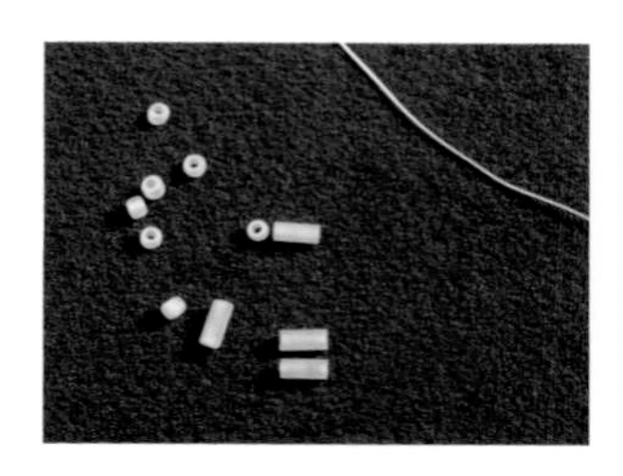

1 準備4顆管珠、7顆3mm小珠，1條約10cm的28G銅線。

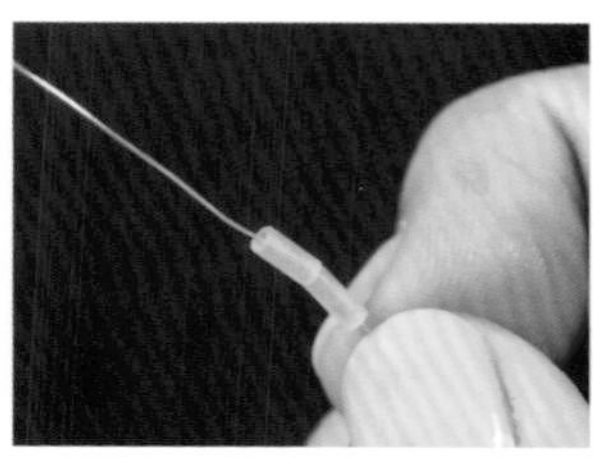

2 取2顆管珠貫穿於銅線上。

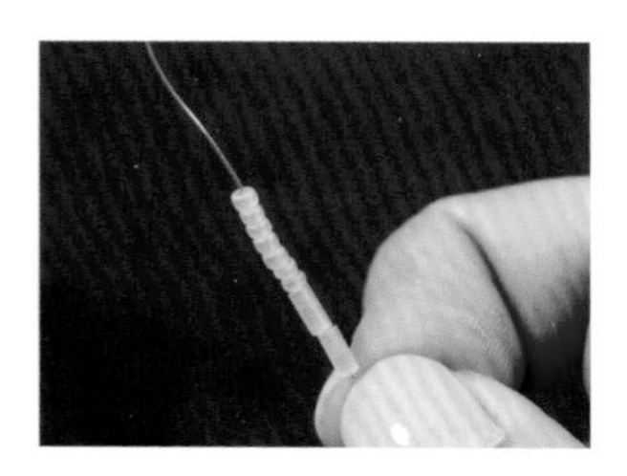

3 穿入7顆3mm小珠

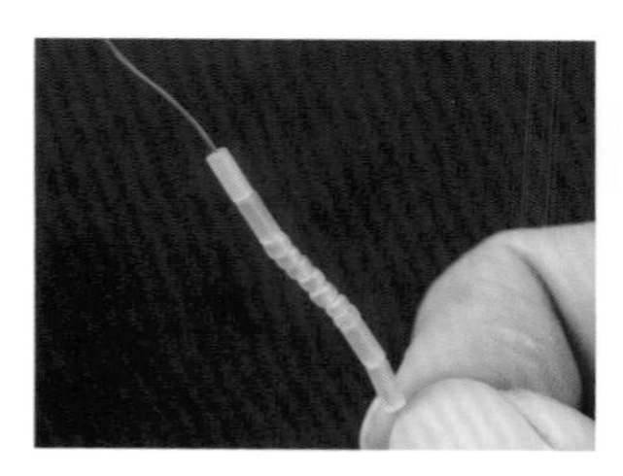

4 再穿入2顆管珠，並將珠子一起移至銅線中心。

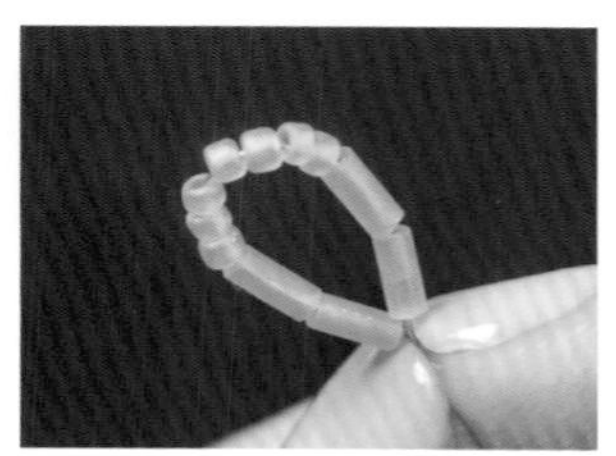

5 以手指尖將銅線順著珠圍彎折下壓彎成扇形。一手抓緊珠子順時針扭轉，另一手往後退，順直銅線麻花即完成。

Note 此為運用三枝扇形葉製成的葉型，亦可調整編排珠子數量來變化組合多樣造型。可別小看珠子的組合，精巧就在微妙變化之中！

葉型設計／花形葉

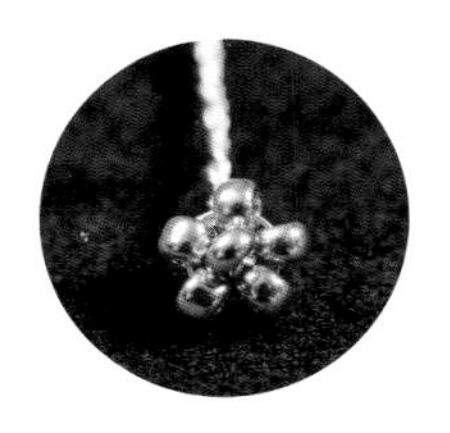

玫瑰金珠
（珠芯花形葉）

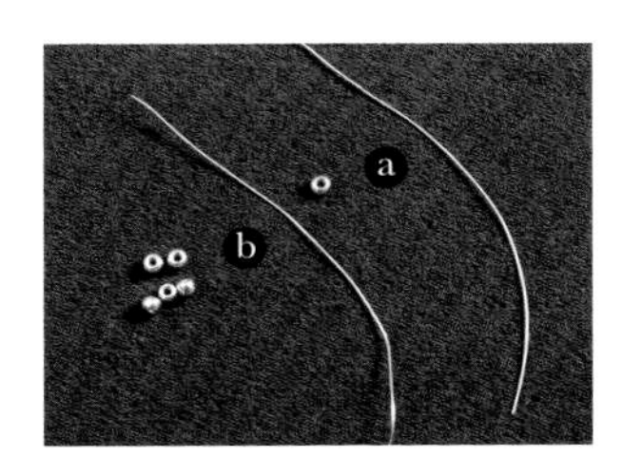

1 準備 ⓐ 1 顆 2mm 玫瑰金珠、1 條約 6cm 的 28G 銅線 & ⓑ 5 顆 2mm 玫瑰金珠、1 條約 8cm 的 28G 銅線。

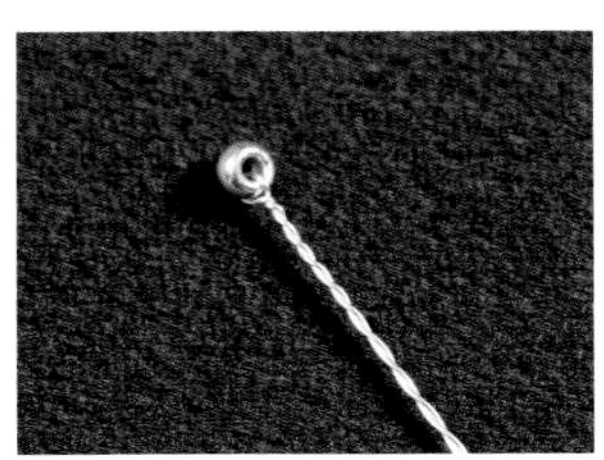

2 將 ⓐ 銅線穿過玫瑰金珠置中後，使珠子轉緊順直麻花。

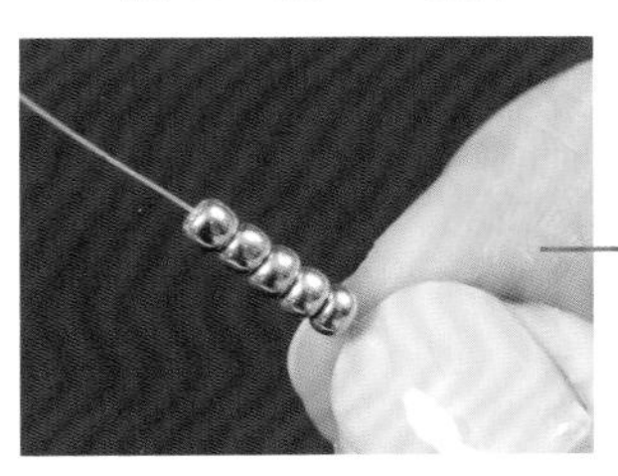

3 以 ⓑ 銅線串起 5 顆玫瑰金珠後，將其圍成圈，在中心點下方轉緊且順直麻花。

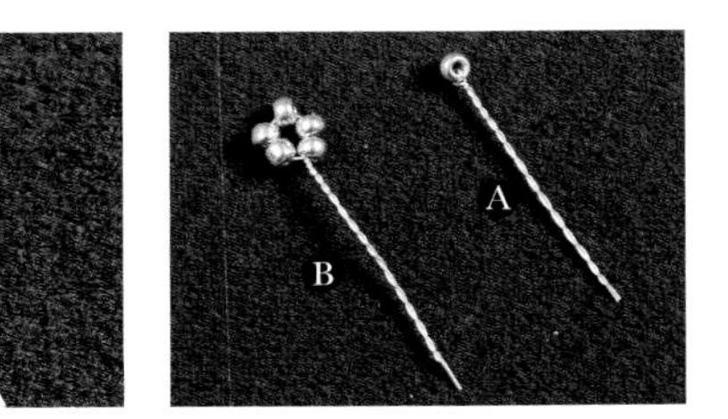

4 共完成 Ⓐ 1 枝單顆珠與 Ⓑ 1 枝五瓣珠備用。

5 將單顆珠 Ⓐ 的線材穿過五瓣珠 Ⓑ 的中心孔內。

6 確認單顆珠 Ⓐ 保持在中心點位置。

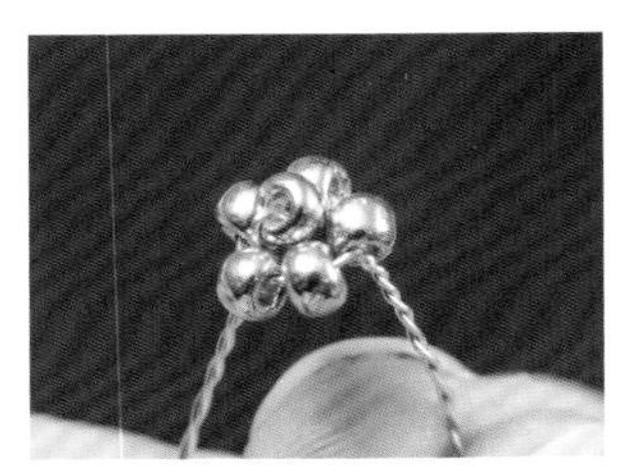

7 將兩條銅線垂直下壓匯集於中心點。

8 一手抓緊珠子順時針扭轉，另一手往後退順直銅線麻花即完成。

9 側視圖。

葉型設計／花形葉

珍珠＋爪鑽
（鑽芯花形葉）

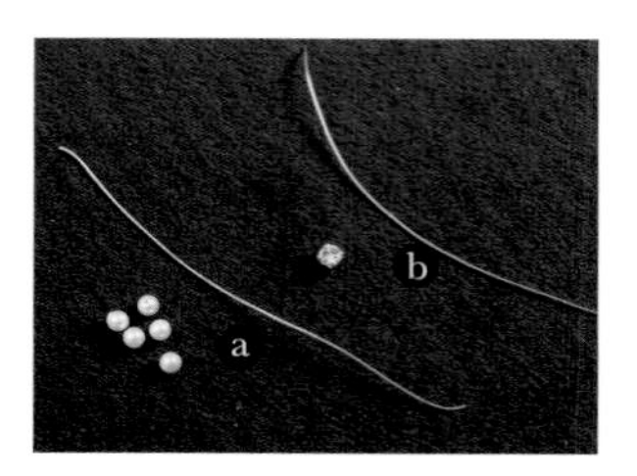

1 準備 ⓐ 5 顆 3mm 珍珠、1 條約 8cm 的 28G 銅線 & ⓑ 1 顆爪鑽、1 條約 6cm 的 28G 銅線。

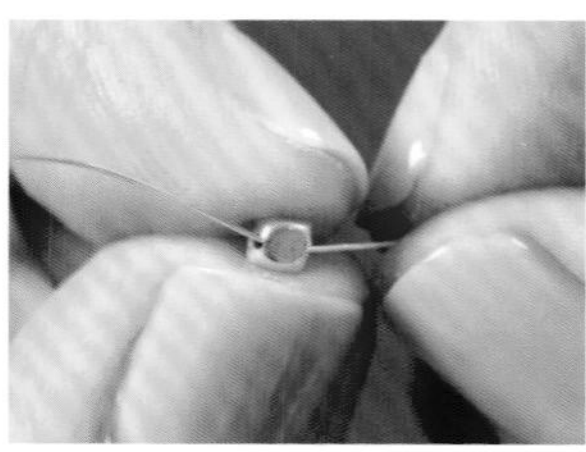

2 取 ⓑ 銅線穿入爪鑽橫洞。

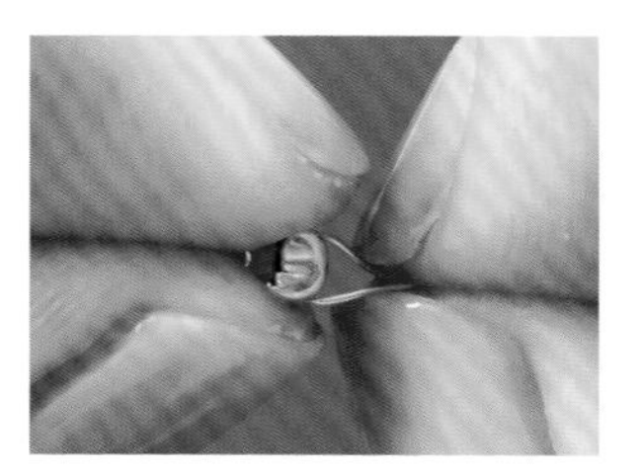

3 將銅線置中下壓，拴緊 3 圈後順時針扭轉麻花至末端。

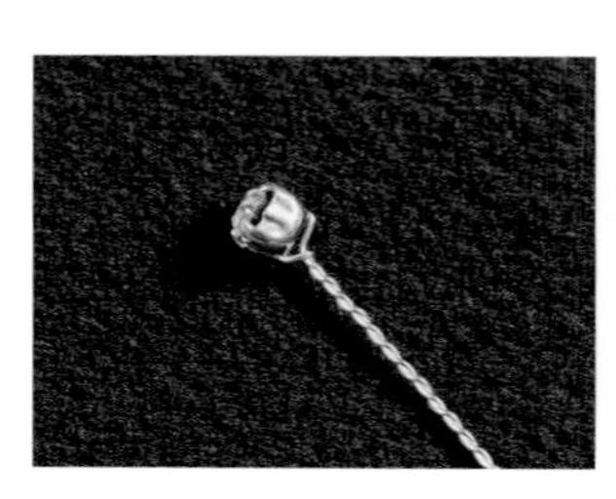

4 單顆鑽完成。

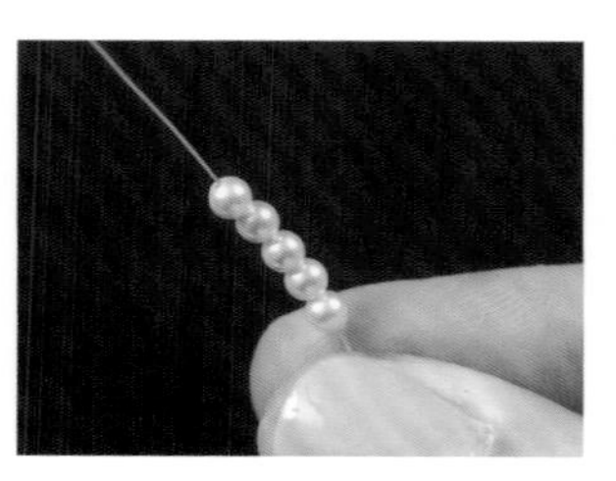

5 取 ⓐ 銅線依序串入 5 顆珍珠，並使珍珠移至銅線中心。

6 以指尖輕輕地將銅線順著珍珠外圍彎折成五瓣花形，並扭轉麻花。

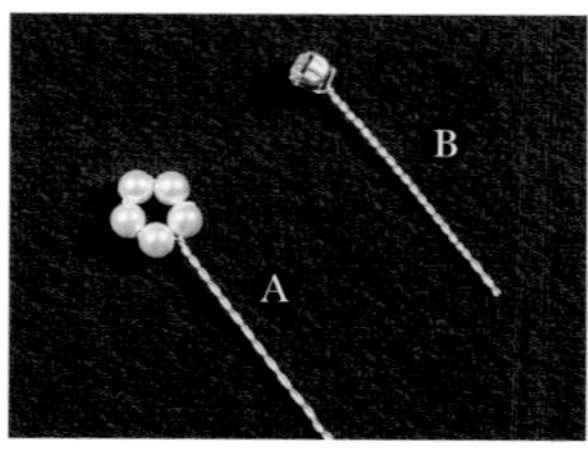

7 共完成 Ⓐ 1 枝五瓣珠與 Ⓑ 1 枝單顆鑽備用。

8 將五瓣珠 Ⓐ 的銅線垂直下壓。

9 將單顆鑽 Ⓑ 的線材穿過五瓣珠 Ⓐ 的中心孔內。

10 確實地將單顆鑽固定於中央。

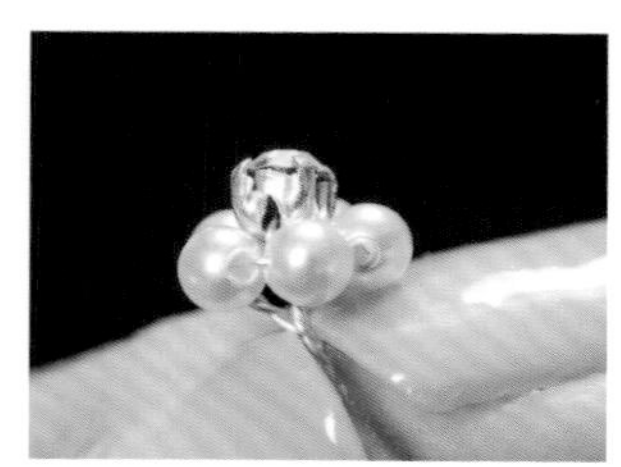

11 從側面確認單顆鑽高低位置後，將兩條銅線匯集底部拴緊 3 圈，再順時針扭轉麻花至末端即完成。

紫珍珠
（大芯花形葉）

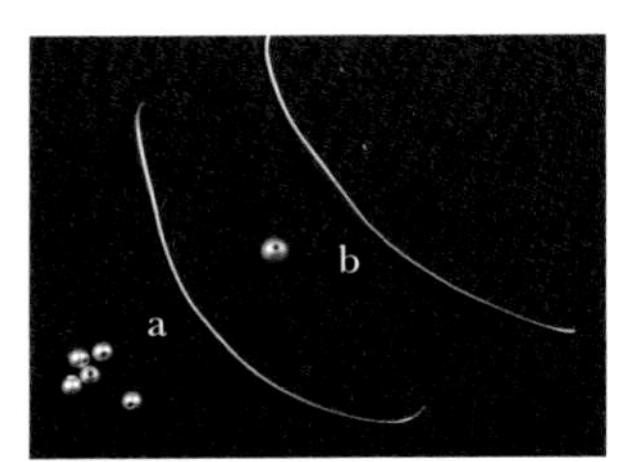

1 準備 ⓐ 5 顆 3mm 紫珍珠和 1 條約 8cm 的 28G 銅線 & ⓑ 1 顆 4mm 紫珍珠、1 條約 6cm 的 28G 銅線。

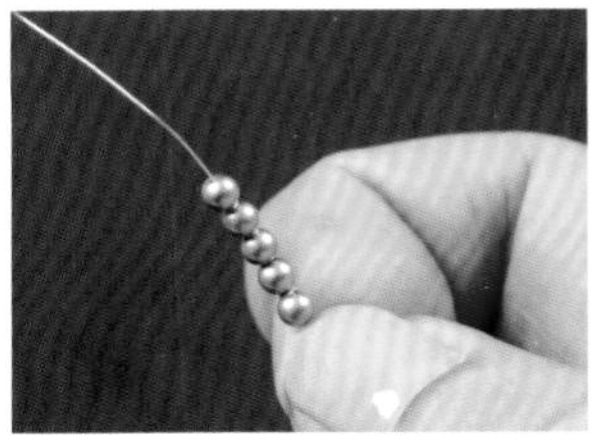

2 取 ⓐ 銅線依序串入 5 顆珍珠。

3 收緊珍珠圍成圈狀後，自中心點下方轉緊且順直麻花。

4 以 ⓑ 材料串製好單顆珠。

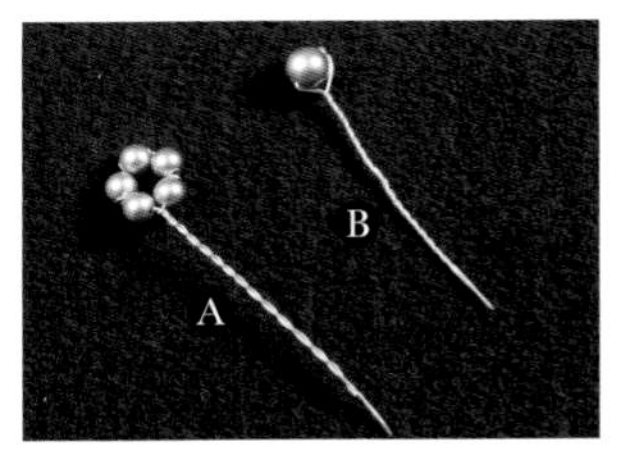

5 共完成 Ⓐ 1 枝五瓣珠與 Ⓑ 1 枝單顆珠備用

6 將五瓣珠的銅線垂直下壓。

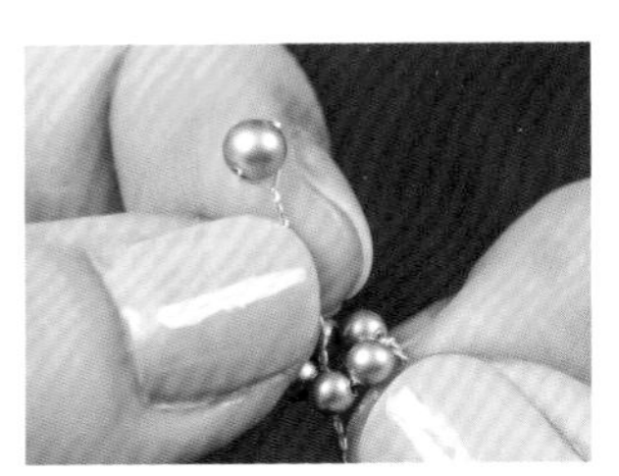

7 將單顆珠 Ⓑ 的線材穿過五瓣珠 Ⓐ 的中心孔內。

8 從側面確認單顆珠高低位置後，將兩條銅線匯集於底部拴緊 3 圈，再順時針扭轉麻花至末端即完成。

Note　花形葉可變化中心單顆蕊芯的尺寸大小或材質來靈活搭配！

花型設計

櫻花
Cherry Blossom

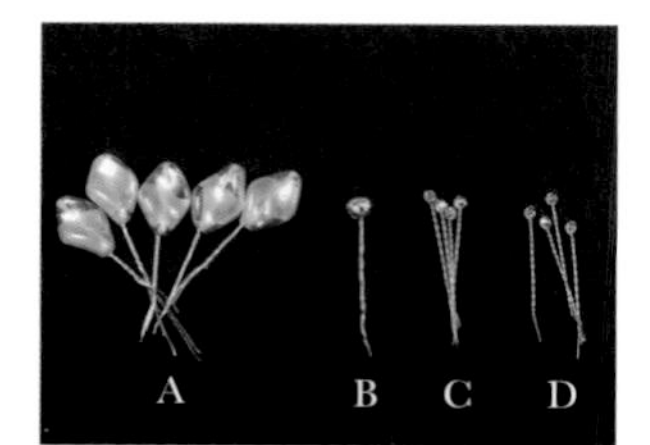

1 以「單葉」（P.62）技法串製Ⓐ 5 枝琉璃櫻花瓣、Ⓑ 1 枝爪鑽、Ⓒ 4 枝 3mm 白水晶角珠、Ⓓ 4 枝 3mm 黃水晶角珠備用。

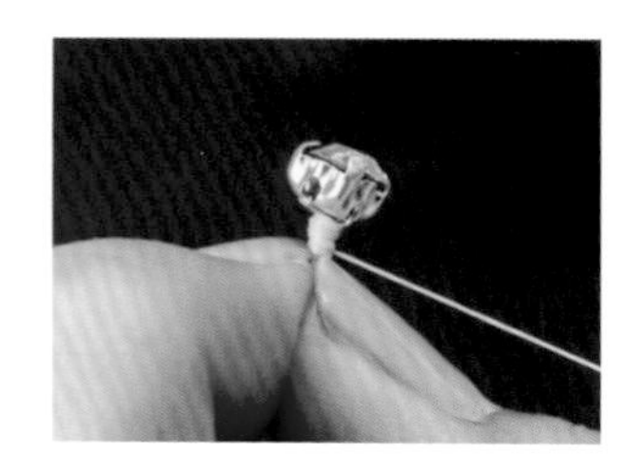

2 以 QQ 線於爪鑽底部纏繞數圈增加厚度。

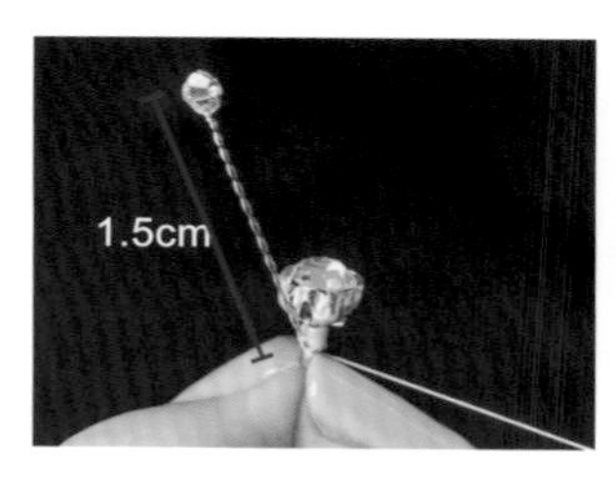

3 加入黃水晶角珠，保持其線長約 1.5cm，使其延伸如櫻花花蕊般。

4 依序加入黃水晶，平均分佈於爪鑽四面，並以 QQ 線固定。

5 將白水晶穿插加入其中，微調高低層次使其看起來比較自然。

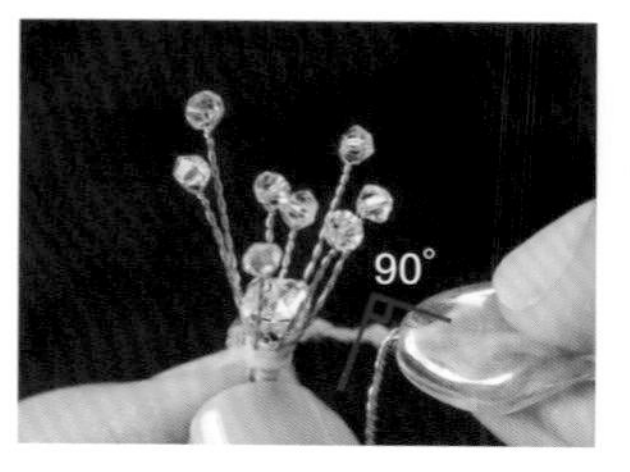

6 將琉璃櫻花瓣的銅線垂直打彎，使花瓣、花蕊的銅線材保持順直平行。

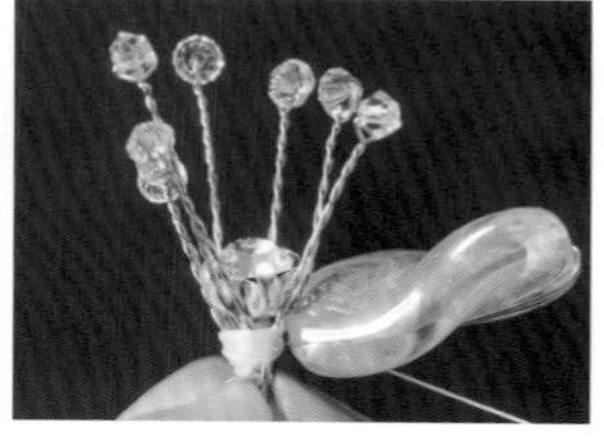

7 加入琉璃櫻花瓣後，以 QQ 線繞 3 圈拴緊。

8 以順時鐘方向依序綁製 5 片琉璃櫻花瓣，最後可直接扯斷線材不需打結。

9 另取銅線，在花瓣中心處下壓加線約 2cm。

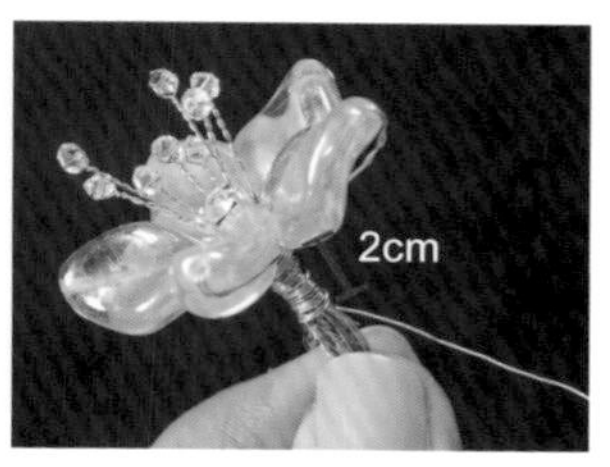

10 將銅線由上至下纏繞約 2cm，包覆隱藏 QQ 線材，製作出花托感即完成。

百合
Lily

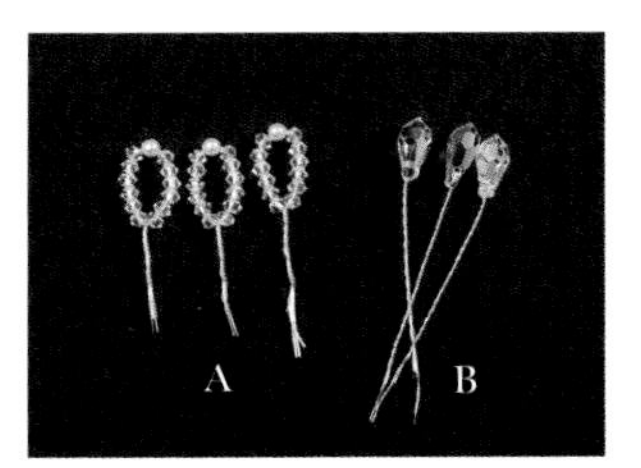

1 準備❹ 3 組水晶扇形葉（P.67），並以「單葉」（P.62）技法串製❺ 3 枝水滴形水晶珠。

2 抓緊 3 顆水滴珠底部，排列成三角形。

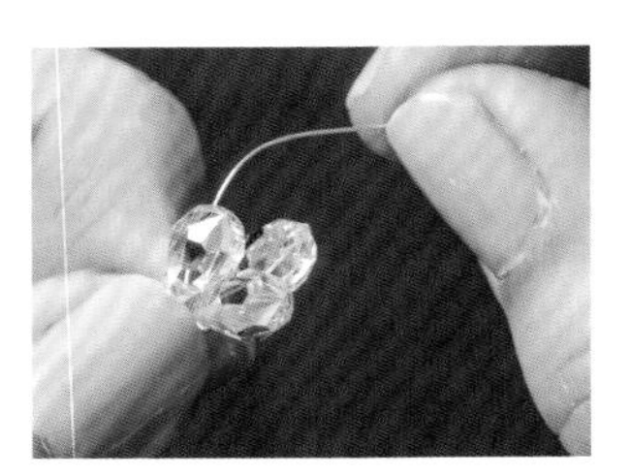

3 加入銅線，在花瓣中心處下壓加線約 2cm。

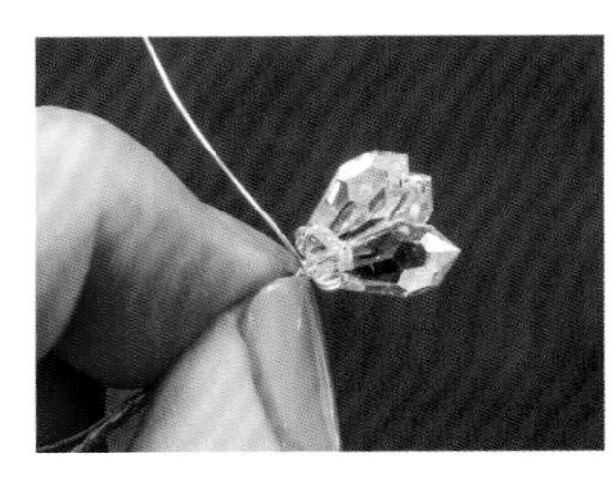

4 在底部順時針纏繞 3 圈拴緊。

5 將銅線上繞＆跨過一顆水晶後下壓（參見 P.61「繞線固定」技巧）。

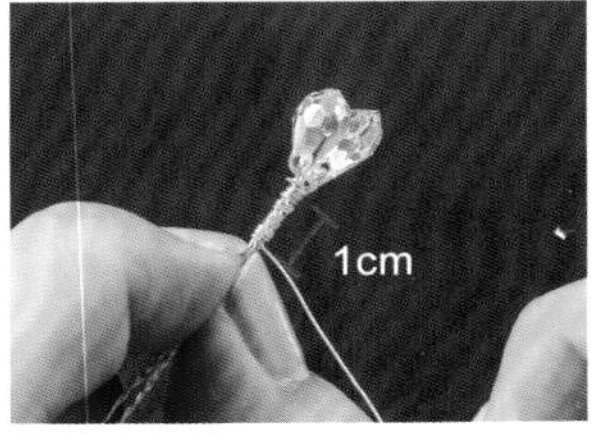

6 順線纏繞至水晶珠下方 1 cm 處停留。

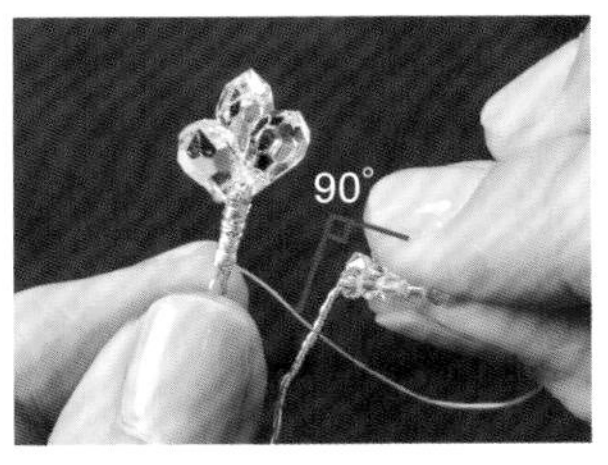

7 將水晶扇形葉的銅線垂直打彎，使扇形葉、珠蕊的銅線材保持順直平行。

8 以順時鐘方向依序綁製 3 枝水晶扇形葉。

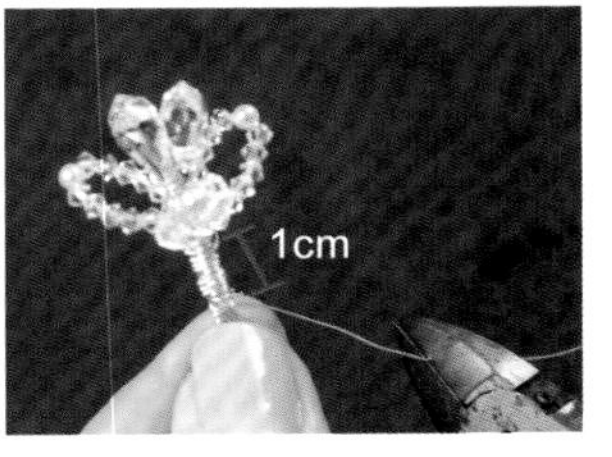

9 順線纏繞至扇形葉下方 1cm 處，剪斷銅線。

10 完成圖。

花型設計

桑格花
Cosmos Bipinnatus Cav

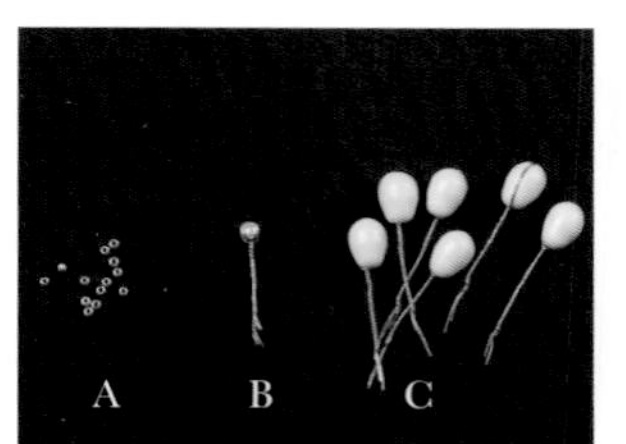

1 準備 Ⓐ 12 顆金銅珠（待組合串製），並以「單葉」（P.62）技法串製 Ⓑ 1 枝爪鑽、Ⓒ 6 枝藍釉彩珠備用。

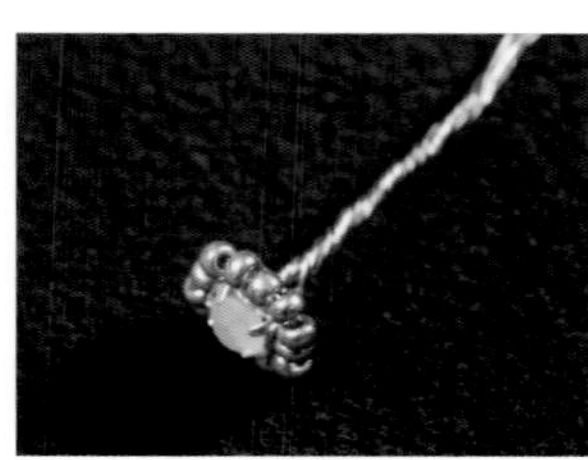

2 以「鑽芯花形葉」（P.70）技法將爪鑽與金銅珠組合好備用。

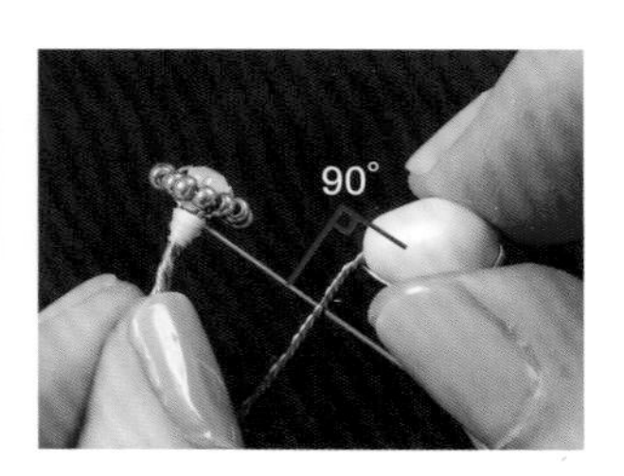

3 以 QQ 線於爪鑽底部纏繞數圈增加厚度後，將藍釉彩珠銅線垂直打彎，使銅線材保持順直平行。

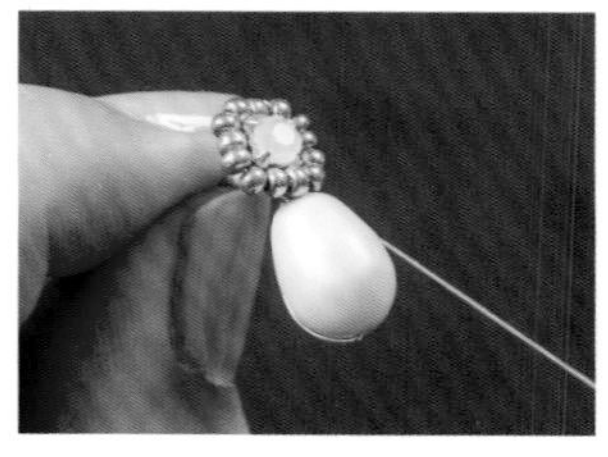

4 將釉彩珠底部貼緊花蕊，以 QQ 線繞 3 圈拴緊。

5 以順時鐘方向依序綁製 6 顆釉彩珠。

6 在花瓣中心處下壓加線約 2cm，並在花瓣間繞線固定。

7 順線纏繞至花瓣下方 1 cm，作出花托效果並剪斷銅線即完成。

梅花
Plum Blossom

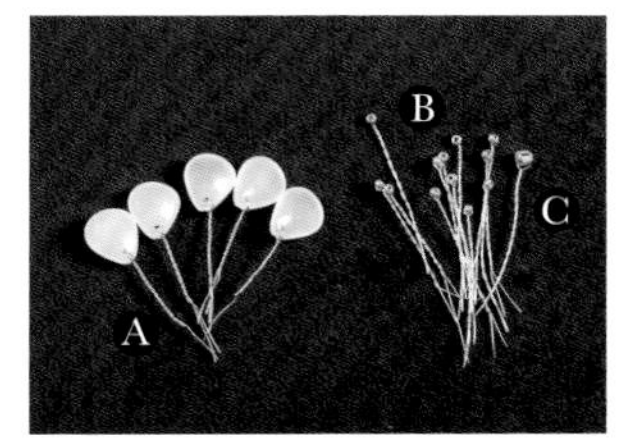

1 以「單葉」（P.62）技法串製 A 5 枝琉璃梅花瓣、B 12 枝 2mm 金銅珠、C 1 枝爪鑽備用。

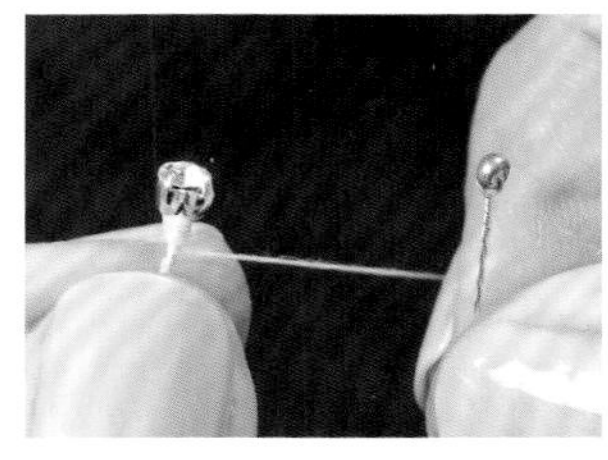

2 以 QQ 線於爪鑽底部纏繞數圈增加厚度後加入金銅珠。

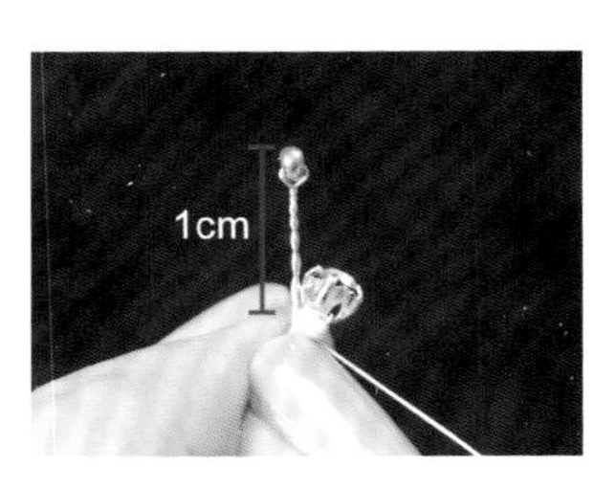

3 加入金銅珠，保持其線長約 1cm，使其延伸如梅花花蕊般。

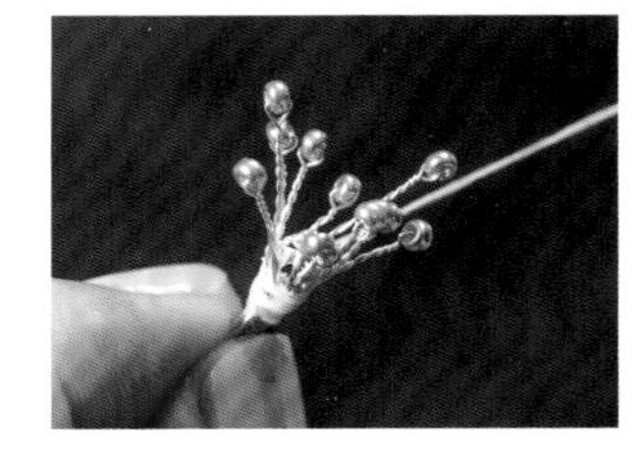

4 依序加入 12 顆金銅珠，平均分佈在爪鑽四面，微調高低層次使其看起來比較自然。

5 將琉璃梅瓣的銅線垂直打彎，使花瓣、花蕊的銅線材保持順直平行。

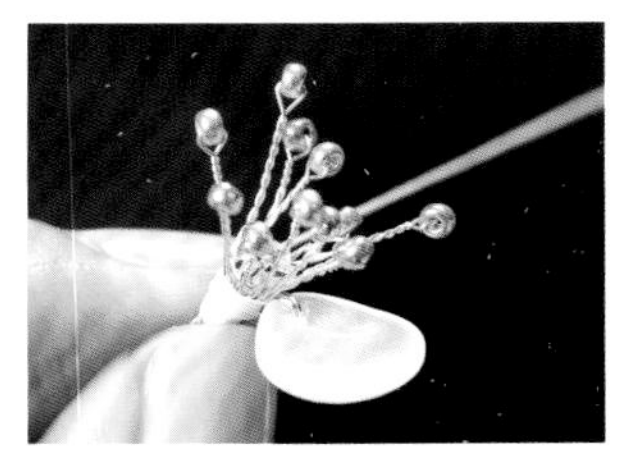

6 加入琉璃梅瓣後，以 QQ 線繞 3 圈拴緊。

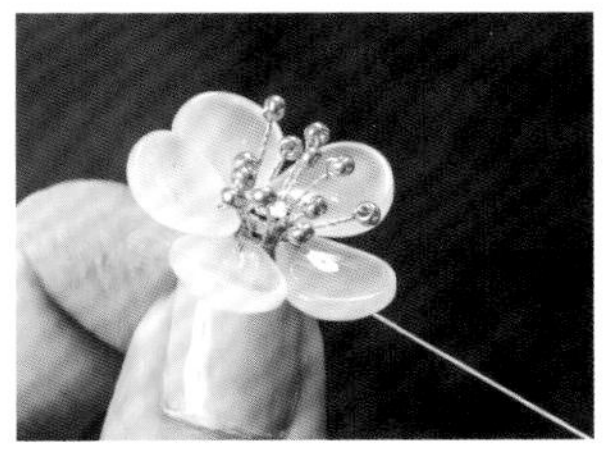

7 以順時鐘方向依序綁製 5 片琉璃櫻花瓣，直接扯斷線材不需打結。

8 確認每片花瓣的位置，以指尖調整塑型。

9 另取銅線，在花瓣中心處下壓加線約 2cm。

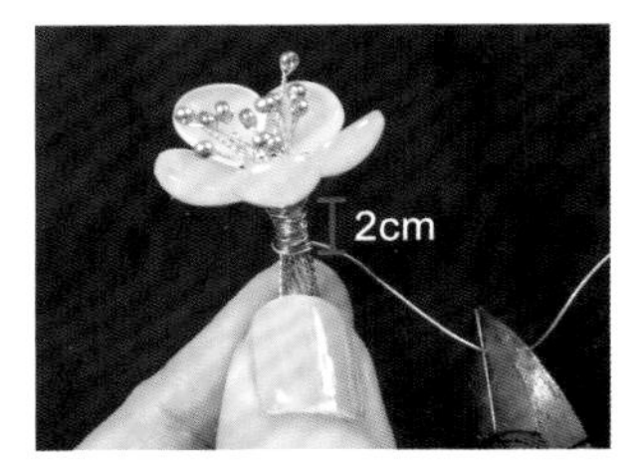

10 將銅線由上至下纏繞約 2cm，包覆隱藏 QQ 線材，製作出花托感後剪線即完成。

Note
想製作含苞待放的梅花姿態時，可稍加施力，使花瓣向內收攏，再使用「繞線固定」（P.61）技法固定花形。

花型設計

蝴蝶蘭
Moth Orchid

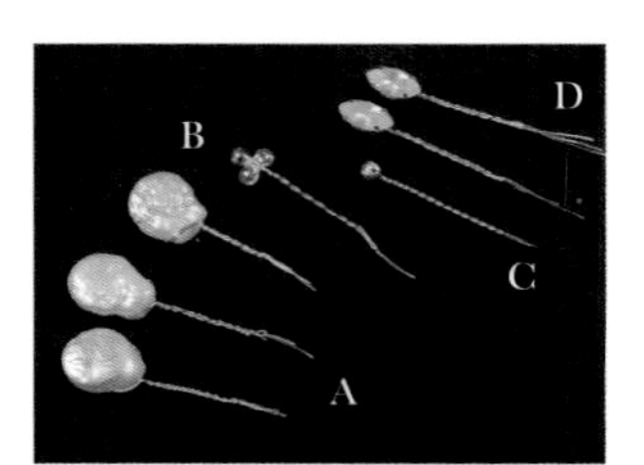

1 先以「單葉」（P.62）技法串製Ⓐ 3 枝天然珠母貝、Ⓒ 1 枝爪鑽、Ⓓ 2 枝馬眼鋯石，再以「三顆葉」（P.66）技法將 3 顆水晶珠串製成Ⓑ備用。

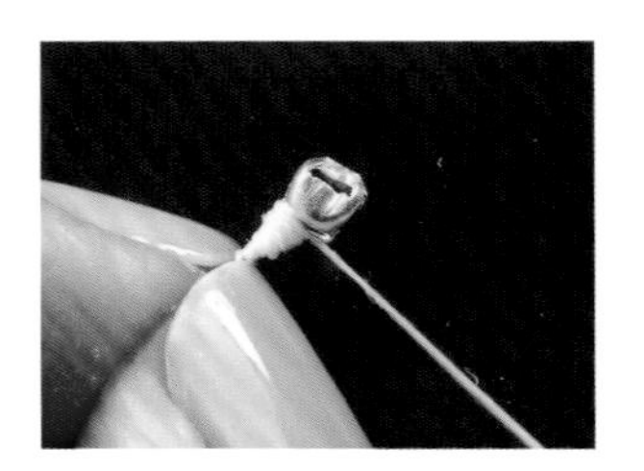

2 以 QQ 線於爪鑽底部纏繞數圈增加厚度。

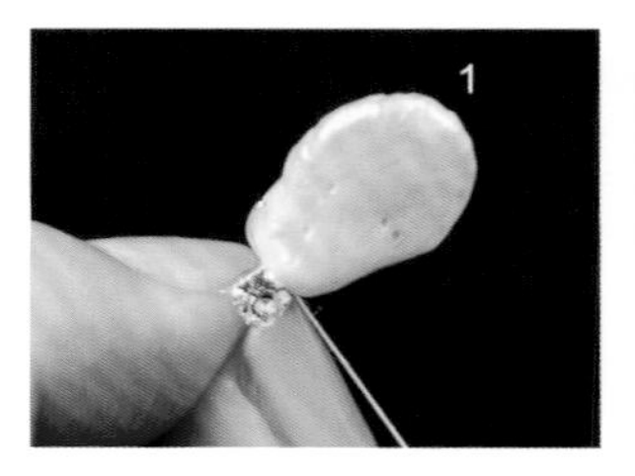

3 從上方加入 1 片天然珠母貝後，以 QQ 線繞 3 圈拴緊。

4 自右側加入第 2 片天然珠母貝。

5 自左側加入第 3 片天然珠母貝。

6 自下方加入三顆葉水晶珠後，以 QQ 線繞 3 圈拴緊。

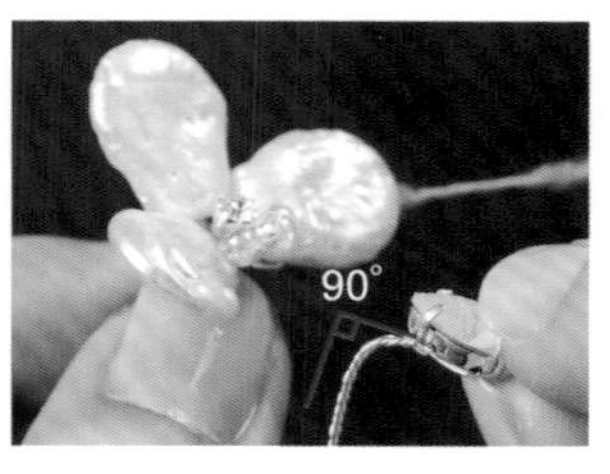

7 將馬眼鋯石的銅線垂直打彎，且保持所有的銅線材順直平行。

8 將 1 枝馬眼鋯石綁在水晶珠右下方。

9 以相同作法將另 1 枝馬鋯石綁在水晶珠左下方。

10 反覆將所有花瓣使用「繞線固定」（P.61）技法加強花瓣定型，使其不易晃動即完成。

繡球花
Hydrangea

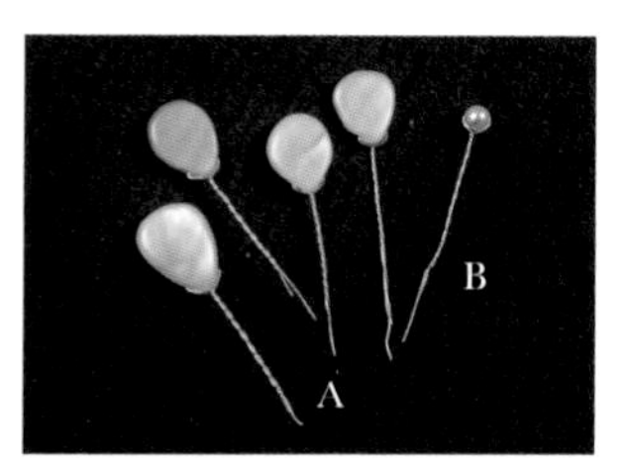

1 先以「單葉」（P.62）技法串製 Ⓐ 4 枝天然珠母貝、Ⓑ 1 枝珍珠備用。

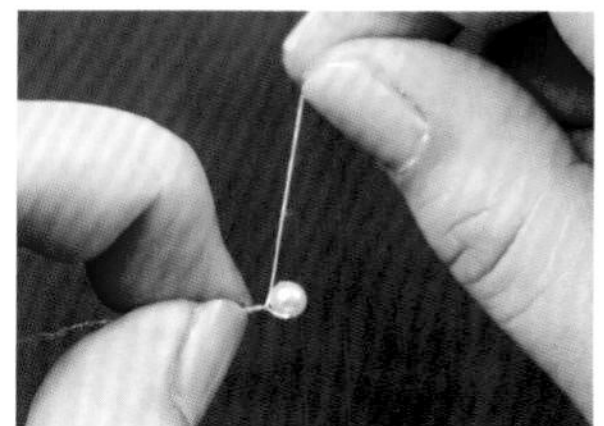

2 以 QQ 線於珍珠底部纏繞數圈增加厚度。

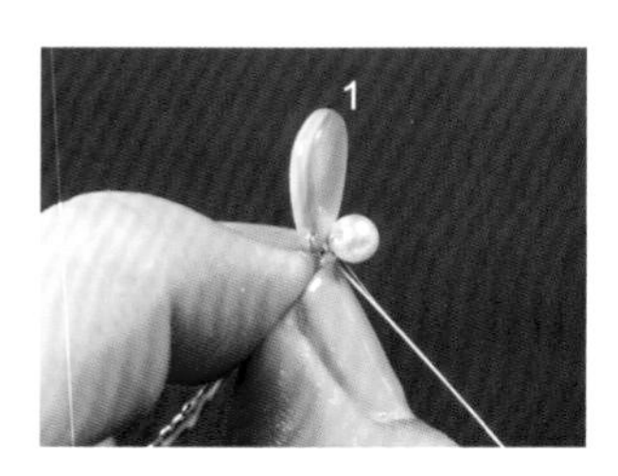

3 順時針加入第 1 片母貝花瓣。

4 順時針加入第 2 片母貝花瓣。

5 順時針加入第 3 片母貝花瓣。

6 順時針加入第 4 片母貝花瓣。

7 確認花瓣位置後，以 QQ 線反覆將所有花瓣使用「繞線固定」（P.61）技法，加強花瓣定型，使其不易晃動。

8 跨線完成的花瓣背面。

9 另取銅線，在花瓣中心處下壓加線約 2cm。

10 跨過一片花瓣後開始往下纏繞。

11 以銅線在底部順時針纏繞出花托的效果。

12 纏繞至花瓣下方 1 cm 處，剪斷銅線即完成。

花型設計

紫羅蘭
Violet

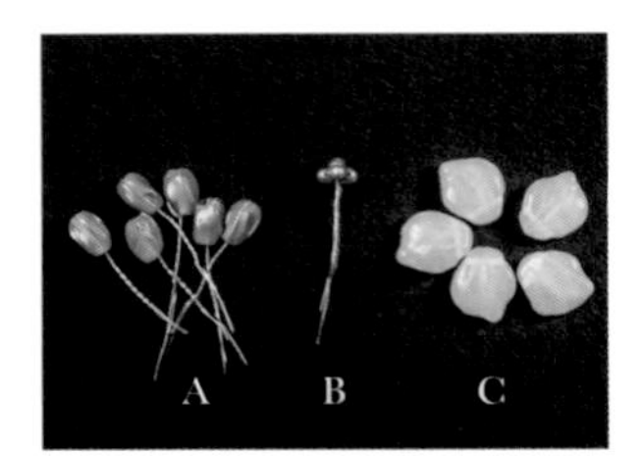

1 先以「單葉」(P.62)技法串製Ⓐ6枝紫琉璃花瓣,再以「花形葉」(P.69)技法將6顆紫珍珠串製成Ⓑ,並準備Ⓒ5顆蛋白琉璃花瓣(待組合串製)備用。

2 以QQ線於花形珍珠蕊芯底部纏繞數圈,增加厚度後,加入紫琉璃花瓣。

3 將紫琉璃花瓣底部緊靠花蕊,繞3圈拴緊。

4 以順時鐘方向依序綁製紫琉璃花瓣。

5 剪一段約10cm長的銅線穿過1顆橫洞蛋白琉璃花瓣。

6 依序穿入5顆蛋白琉璃花瓣,並將其移至銅線中央處。

7 以指尖輕輕地將銅線順著花瓣,由外往內圍攏彎折成五瓣花型。

8 會合兩端銅線後轉緊成麻花狀。

9 在轉緊的銅線對稱邊加入1條6cm銅線。

10 將新加入的銅線同樣轉成麻花狀後下折,使雙邊平衡。

11 將作好的紫琉璃花穿過中心孔。

12 確認兩層花瓣貼緊後，將所有線材集合於中心點下方順時針轉緊。

13 檢視目前的花瓣角度。

14 取銅線穿過上排珍珠後下壓加線。

15 將銅線往下繞過底部琉璃花瓣。

16 再次跨過一片琉璃花瓣往上繞線。

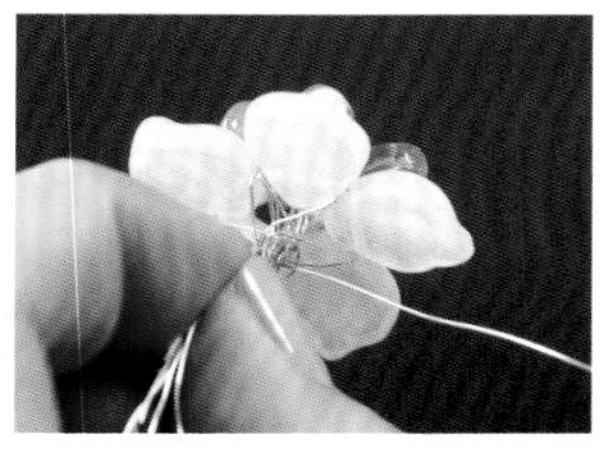

17 反覆將五瓣琉璃花瓣使用「繞線固定」（P.61）技法，加強花瓣定型，使其不易晃動。

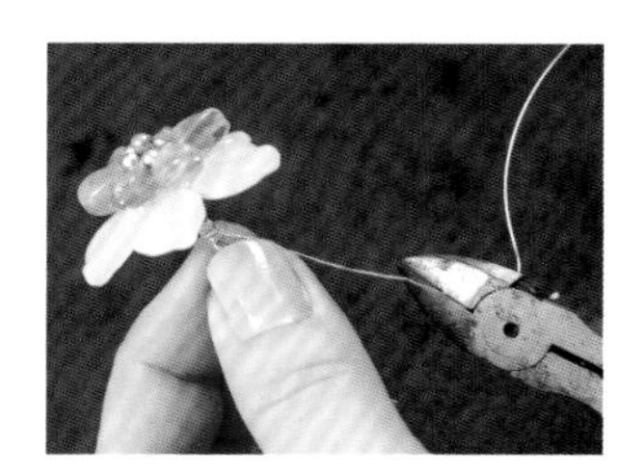

18 順線纏繞至花瓣下方 1 cm 處，剪斷銅線即完成。

Note　綁至較細緻的花蕊或花朵時，使用 QQ 線能更精準地綁製到位不留空隙，且不易鬆脫變形。最後在外部以銅線纏繞一圈，即可修飾覆蓋 QQ 線。

勿忘我
Myosotis Sylvatica

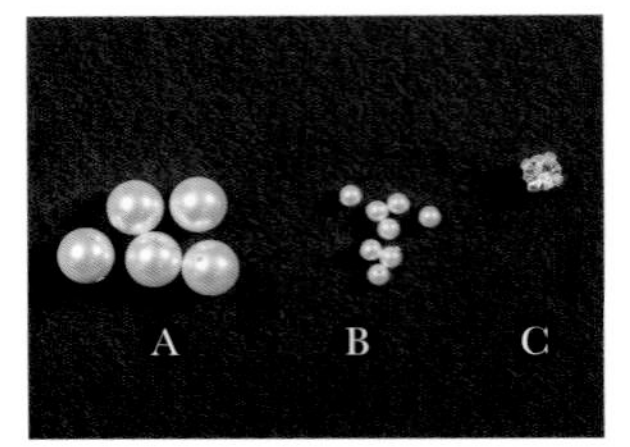

1 準備 Ⓐ 5 顆 8mm 珍珠、Ⓑ 8 顆 3mm 珍珠、Ⓒ 1 顆爪鑽。

2 以「鑽芯花形葉」（P.70）技法串起 1 顆爪鑽與 8 顆 3mm 珍珠備用。

3 取另一銅線串入 5 顆珍珠，並將其移至銅線中央處。

4 以指尖輕輕地將銅線順著珍珠外圍彎折成五瓣花形，將兩端銅線收攏拴緊。

5 將銅線順時針轉緊成麻花狀至末端。

6 在轉緊的銅線對稱邊加入 1 條對折的 6cm 銅線。

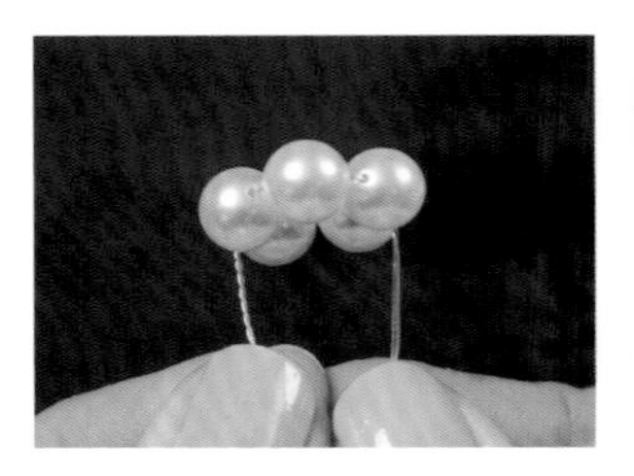

7 將新加入的銅線同樣轉成麻花狀後下折，使雙邊平衡。

8 將先前作好的珍珠花蕊穿過中心孔。

9 確認兩層花瓣貼緊後，將所有線材集合於中心點下方順時針轉緊。

10 以銅線穿過上排珍珠後下壓加線。

11 跨過一顆珍珠花瓣後，將銅線順至底部線材交匯處。

12 順線纏繞至花瓣下方 1 cm 處，作出花托的效果後，剪斷銅線即完成。

枝線設計

三顆葉 雙邊枝線

1 先以「單葉」（P.62）技法串製 15 枝水滴珠。

2 取 3 枝為一束，使中間的水滴珠高出約 1cm 排列好。

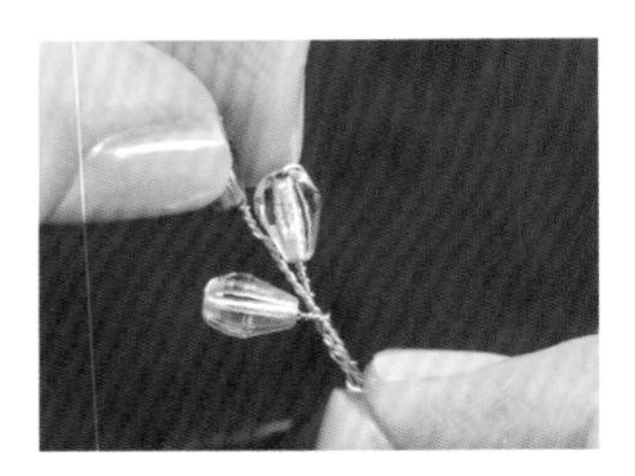

3 一手同時抓緊珠子並順時針扭轉。

4 另一手往後退，順直銅線麻花。

5 完成 5 組備用。綁製枝線的順序❶→❷→❸→❹→❺，由枝線頂端至末端逐漸加入枝材。開始組合綁製之前，可先如圖所示擺放大致的位置，並預先思考綁製的順序。

6 從❶開始，取銅線下壓加線約 2cm。加線的尾長為後續綁製枝材的主幹基礎，應比預定的成品長度略長。

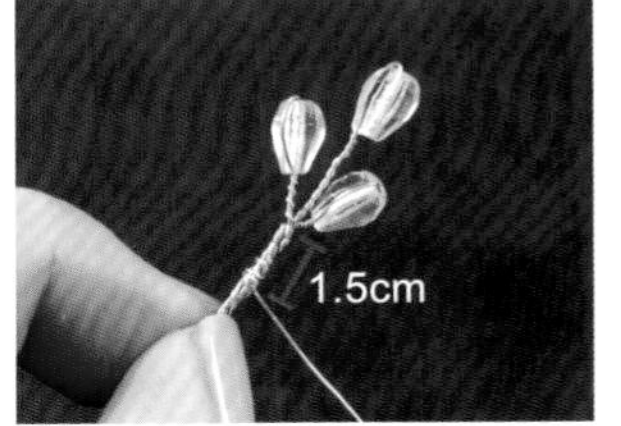

7 將銅線在主幹銅線上順時針纏繞 1.5cm。最開端的纏線建議留長一些，整體線條比較優美。

8 在銅線停留處左側加入第❷組枝材。

9 加入枝材後，使❶❷的銅線材保持順直平行，再以銅線順時針纏繞 7 圈約 1cm。

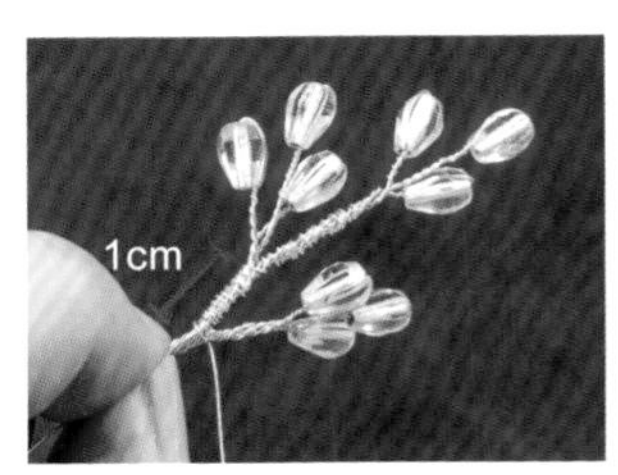

10 在銅線停留處右側加入第❸組枝材。

11 以步驟 8 至 9 相同作法，參見圖示自左右依序加入 5 組枝材後，剪斷銅線即完成。

枝線設計

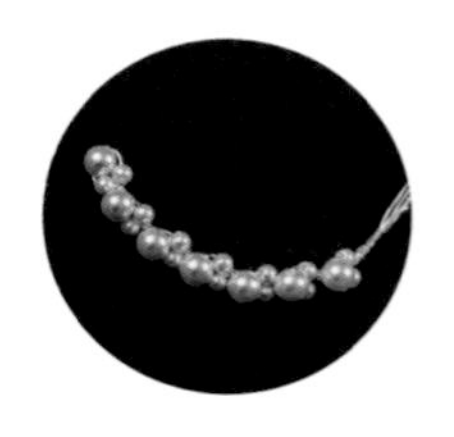

直線單邊枝線

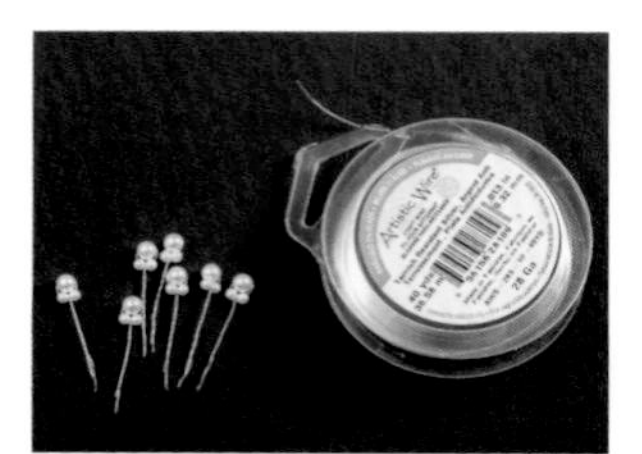

1 先以「三顆珠」（P.65）技法將 21 顆珍珠串成 7 組枝材備用。

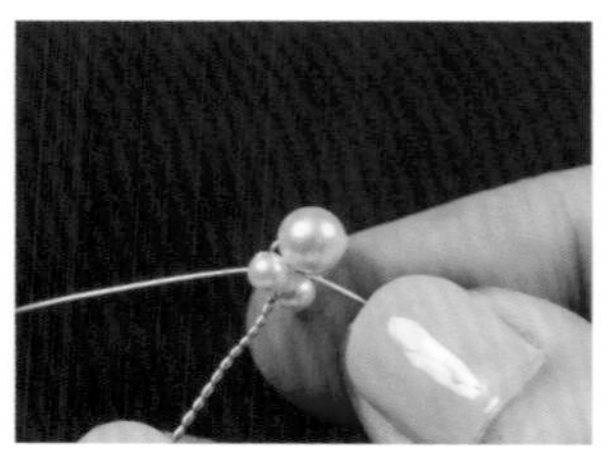

2 取 1 組枝材以銅線穿過中間孔下壓加線約 2cm。

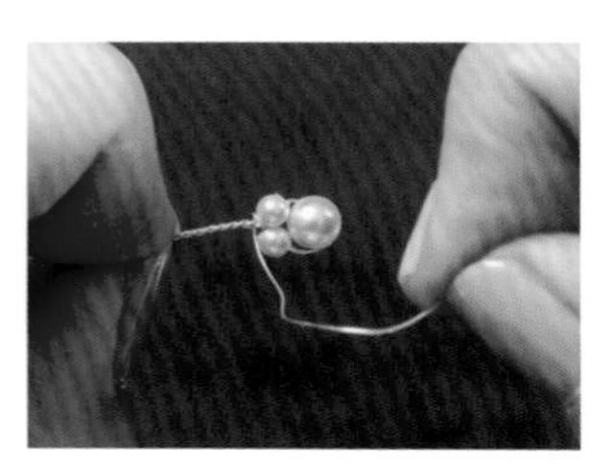

3 以另一手將新加入的銅線在主幹銅線上順時針纏繞約 1cm。

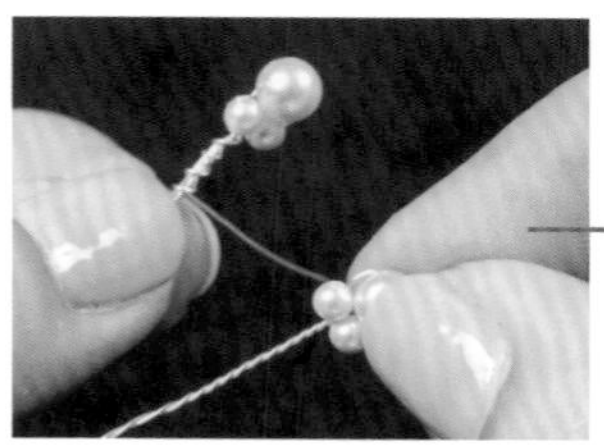

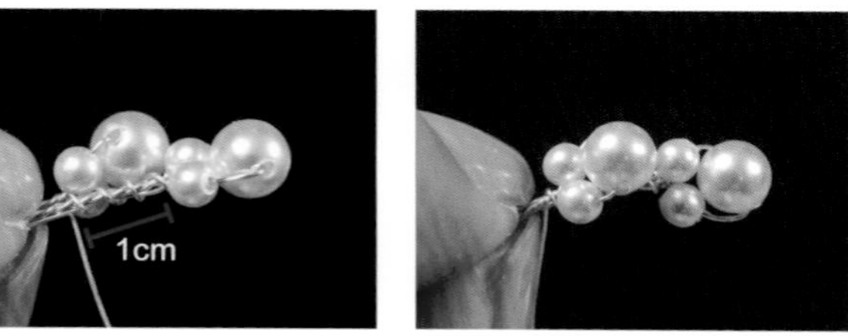

4 在銅線停留處加入第 2 組枝材。（順時針纏繞的長度是以下一組加入的枝材珠珠尺寸為基準）

5 加入枝材後，使銅線材保持順直平行，再以銅線順時針纏繞約 1cm。

6 在銅線停留處加入第 3 組枝材。

7 以尖嘴鉗將尾線材整理順直，減少厚度纏繞起來較美觀。

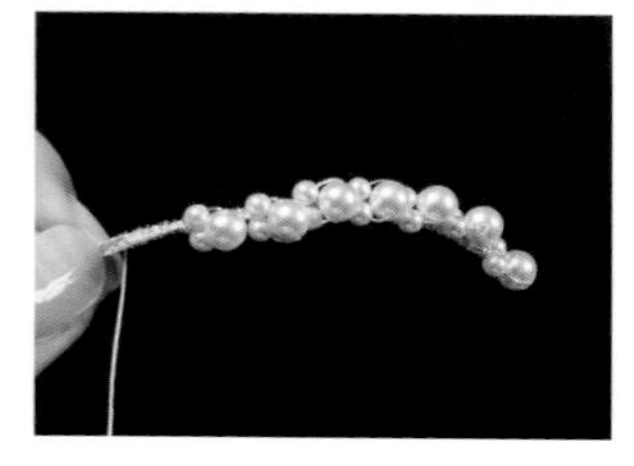

8 以步驟 4 至 7 相同作法，參見圖示依序加入 7 組枝材。

9 使加線的尾線與主幹銅線等長，剪斷銅線即完成。

單葉＋花葉珠枝線

1 先以「單葉」（P.62）技法串製🅐 4 枝琉璃綠葉珠，再以「花形葉」（P.69）技法串製🅑 5 枝玫瑰金銅珠花備用。

2 取 1 枝琉璃綠葉🅐，以銅線穿過珠孔後下壓加線約 2cm。

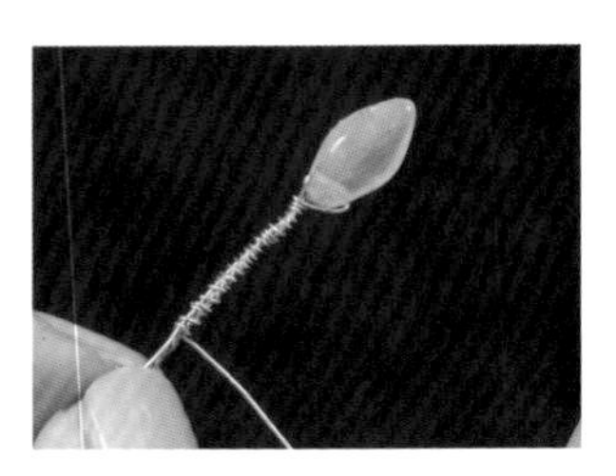

3 以另一手將銅線在主幹銅線上繞 3 圈拴緊後，再繞 15 圈。

4 在線停留處加入 1 枝花形葉🅑，以銅線拴緊後繞 10 圈。

5 在線停留處再加入 1 枝花形葉🅑，以銅線拴緊後繞 5 圈。

6 在線停留處左側加入 1 枝琉璃綠葉🅐後，以銅線繞 3 圈。

7 在線停留處加入 1 枝花形葉🅑，以銅線拴緊後繞 5 圈。

8 在線停留處右側加入 1 枝琉璃綠葉🅐後，以銅線繞 3 圈。

9 以步驟 4 至 5 相同作法，依序在中線加入 2 枝花形葉🅑。

10 在線停留處左側加入 1 枝琉璃綠葉🅐後，以銅線繞 3 圈。

11 裁剪銅線，使其與主幹尾線等長即完成。

枝線設計

樹枝雙邊枝線

1 先以「單葉」（P.62）技法串製 7 枝琉璃綠葉備用。

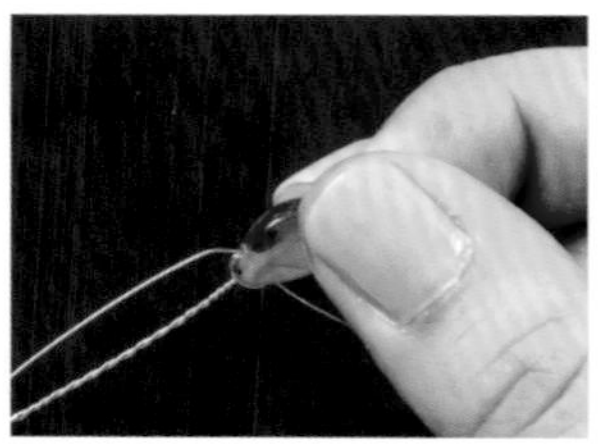

2 取 1 枝琉璃綠葉以銅線穿過珠孔後，下壓加線約 2cm。

3 以另一手將銅線在琉璃綠葉底部繞 3 圈拴緊。

4 順時針纏繞主幹銅線至 1.5cm 後，在停留處左側加入 1 枝琉璃綠葉。

5 以銅線繼續順時針纏繞 7 圈約 1cm。

6 在線停留處右側加入 1 枝琉璃綠葉，以銅線繼續順時針纏繞 7 圈約 1cm。

7 以步驟 4 至 6 相同作法，自左右兩側依序加入琉璃綠葉枝材，使其呈樹枝狀排列組合即完成。

樹枝雙邊加珠變化枝線

1 先以「三顆珠」（P.66）技法將 36 顆角珠串成 12 組Ⓐ，再以「單葉」（P.62）技法串製Ⓑ 3 枝藍水滴鋯石備用。

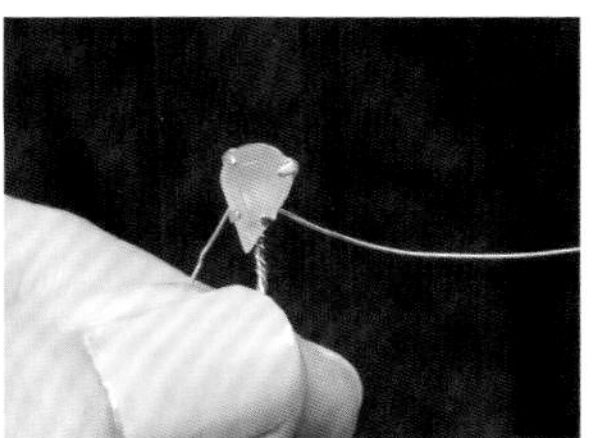

2 取 1 枝Ⓑ以銅線穿過鋯石橫洞後，下壓加線約 2cm。

3 以銅線纏繞 3 圈拴緊後，順時針纏繞主幹約 1cm。再在線停處加入 1 枝Ⓐ。

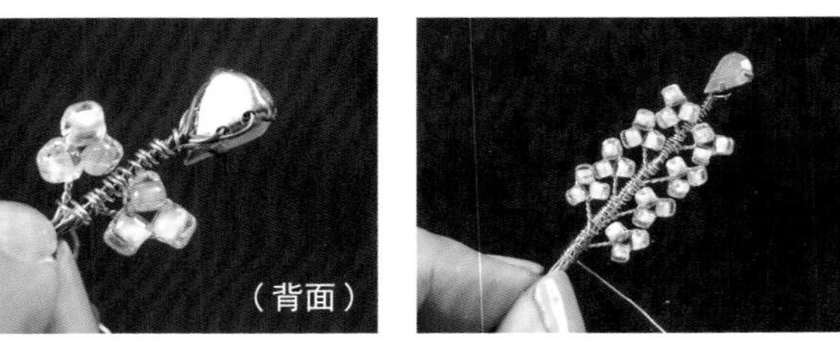

4 以銅線繞 1 圈固定位置後，在對稱邊加入第 2 枝Ⓐ。

5 以步驟 3 至 4 相同作法再依序加入 6 枝Ⓐ，使其呈左右呈對稱排列組合。

6 在線停留處左側加入 1 枝藍水滴鋯石Ⓑ，以銅線繞 1 圈拴緊。

7 在對稱邊加入第 2 枝藍水滴鋯石Ⓑ，順時針纏繞主幹約 1cm。

8 以步驟 3 至 4 相同作法再依序加入 4 枝Ⓐ後，再順線繞 3 圈。

9 裁剪銅線，使其與主幹尾線等長即完成。

枝線設計

鏤空葉枝線

1 先以「花形葉」（P.69）技法將 18 顆紫珍珠串製成 3 枝🅐備用，再以「單葉」（P.62）技法串製🅑 17 枝紫珍珠。

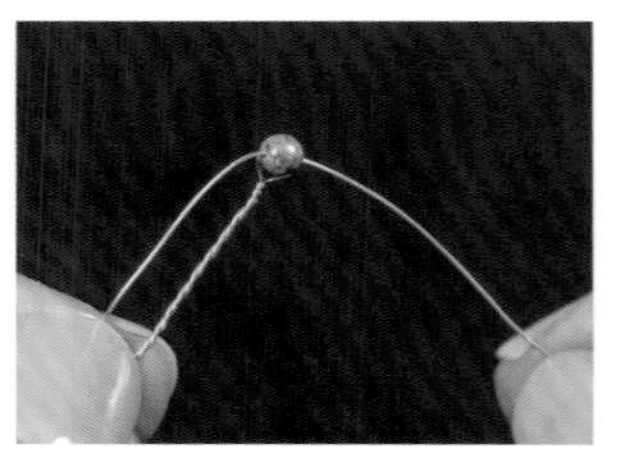

2 取 1 枝🅑以銅線穿過紫珍珠珠孔後，下壓約 6cm。

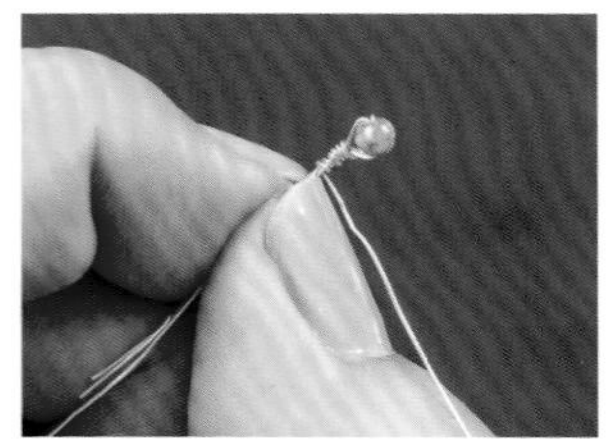

3 以銅線纏繞 5 圈。

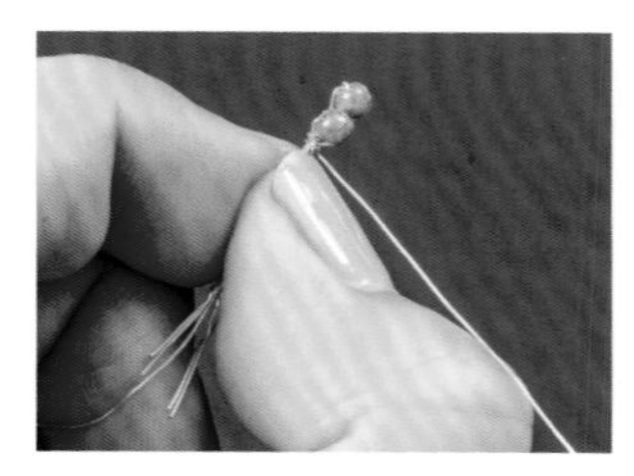

4 在線停留處加入第 2 枝🅑，以銅線纏繞 5 圈。

5 以步驟 4 相同作法，依序再加入 3 枝🅑。

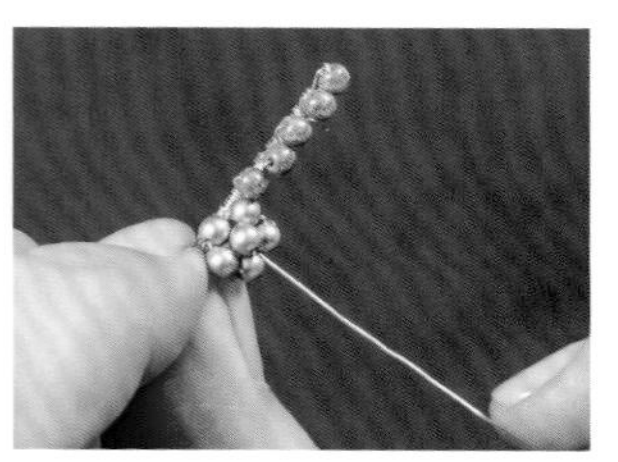

6 在線停留處加入 1 枝花形葉🅐，以銅線纏繞 5 圈。

7 以步驟 6 相同作法，依序再加入 2 枝花形葉🅐後順線繞 3 圈。裁剪銅線，使其與主幹尾線等長。

8 再以銅線穿過步驟 7 的第一顆紫珍珠珠孔，下壓加線約 6cm 作為另一邊葉形底線。

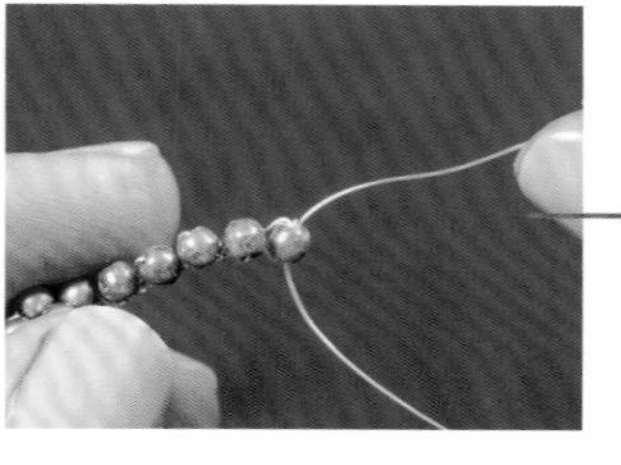

9 將新加入的銅線對折，自單珠另一端扭轉緊繞 3 圈。

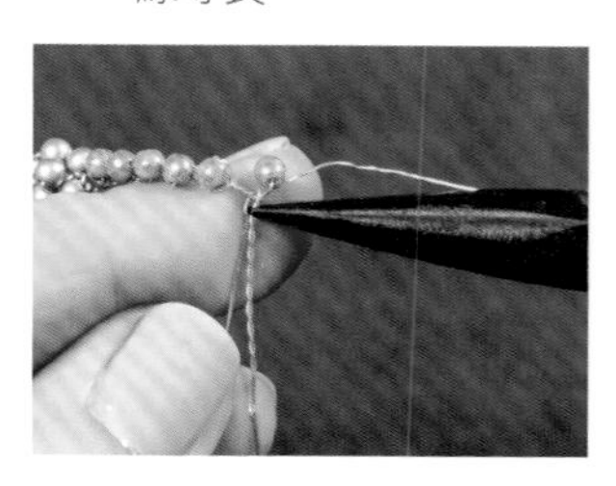

10 在線停留處加入 1 枝紫珍珠🅑。

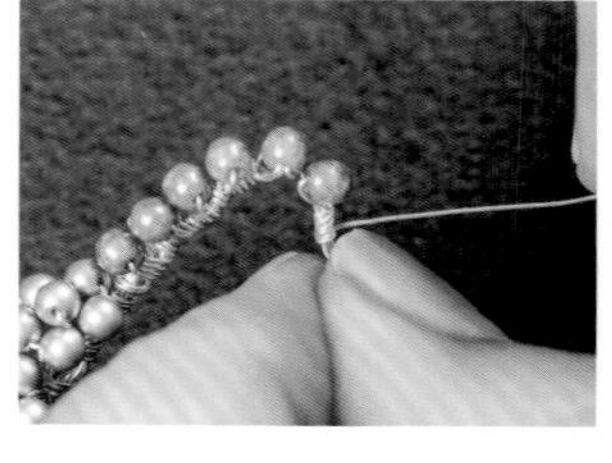

11 順著主線繞 3 圈。

12 以步驟 10 至 11 相同作法，依序加入 11 枝🅑後，匯集兩端銅線尾線，將兩邊綑綁纏繞在一起即完成。

串珠回繞枝線

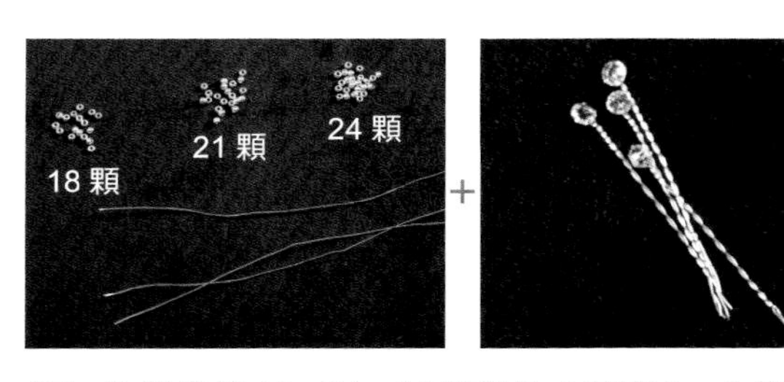

1 分別準備 18、21、24 顆銀珠（待穿）、3 條銅線約 10cm，與 4 枝單顆水晶珠備用。

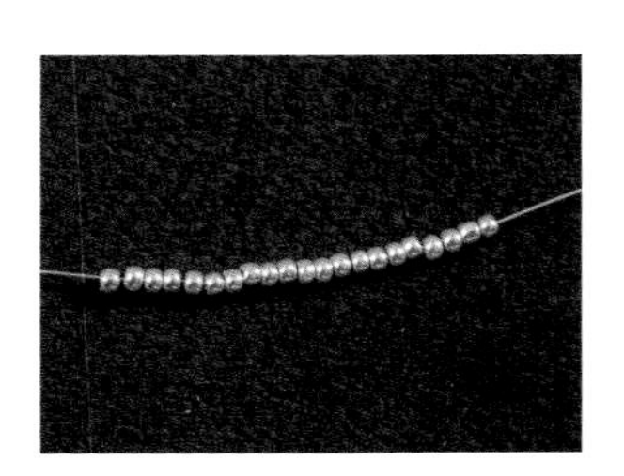

2 將銀珠串入銅線，並移至銅線中央處。

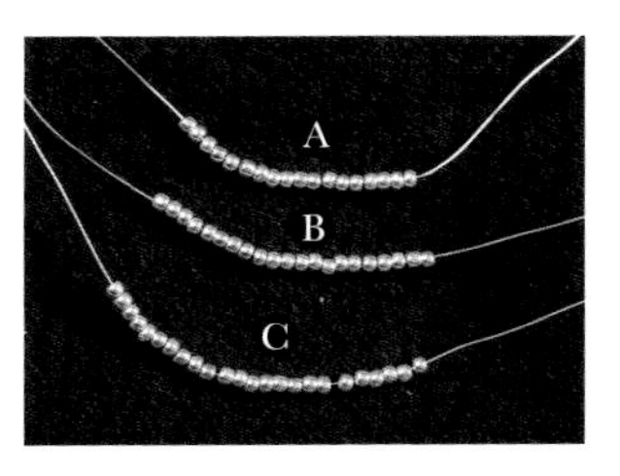

3 分別串出三組珠串（Ⓐ 18 顆、Ⓑ 21 顆、Ⓒ 24 顆銀珠）。

4 先將Ⓐ與Ⓑ珠串一端的尾線轉緊繞 3 圈。

5 整理好珠形不要有空隙，將另一端尾線也轉緊繞 3 圈。

6 將Ⓒ珠串加在ⒶⒷ的外圍，一端尾線轉緊繞 3 圈。

7 整理好珠形不要有空隙，將另一端尾線也轉緊繞 3 圈。

8 依指腹弧度將珠子順壓成扇形。

9 將兩端銅線會合於下方，並檢視弧度。

10 取銅線穿過一端珠洞後，下壓加線約 2cm。

11 以銅線順時針纏繞約 5 圈。

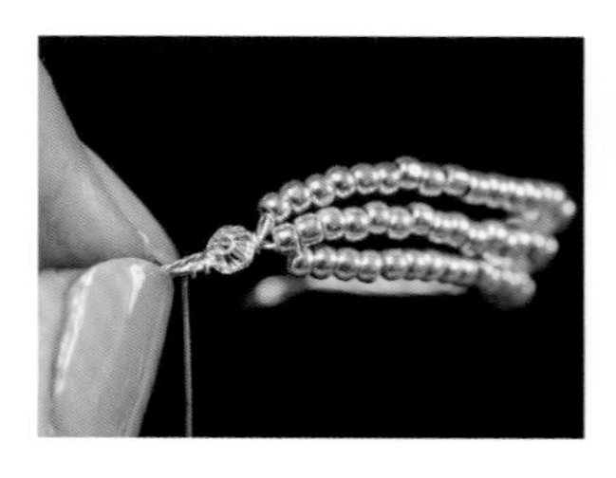

12 在線停留處加 1 枝水晶珠後，以銅線繞 3 圈。

13 再加入 1 枝水晶珠，以銅線繞 3 圈。

14 裁剪銅線，使其與主幹尾線等長。

15 以步驟 10 至 14 相同作法，將另一端串接上水晶珠。

16 會合兩端尾線後，將兩邊綑綁纏繞在一起。

17 裁剪銅線，使其與主幹尾線等長即完成。

五金組合

別針

1 準備1個別針，1條6cm銅線（搭配成品同色系）。

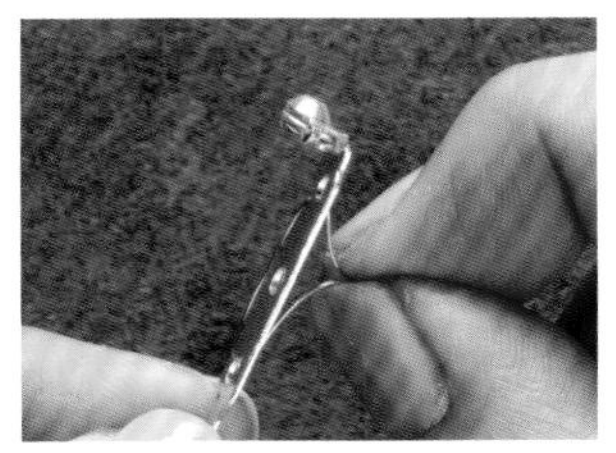

2 銅線穿過別針兩孔洞下壓。

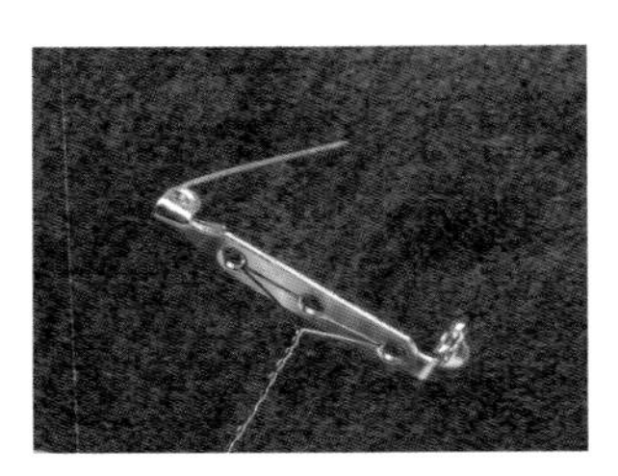

3 在別針底部繞緊麻花。

4 打開別針，將別針擺在成品背面適當位置後加線。

5 加入線材穿過別針孔。

6 從別針背面繞到主飾品枝幹。

7 繞回背面別針，將成品與別針緊密纏繞貼合。

8 順著別針形狀，一上一下繞至尾端。

9 到底後再往回順繞至開端處。

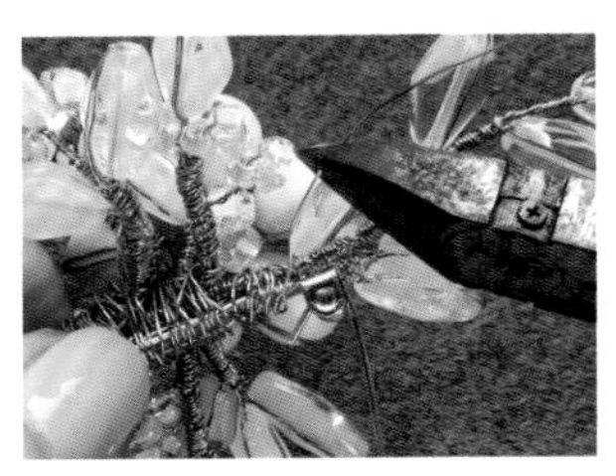

10 預留適當的線尾，剪斷銅線材。

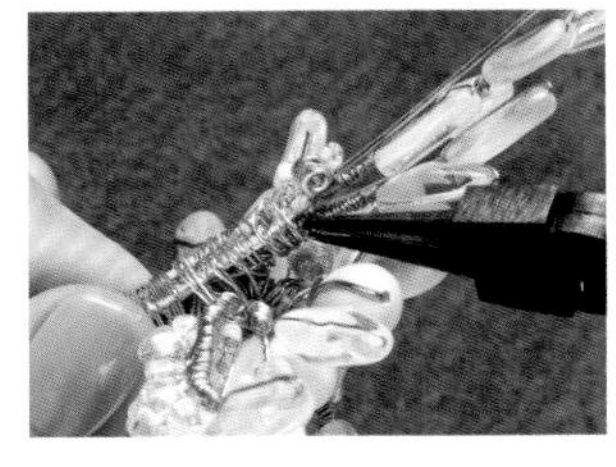

11 以平口鉗將尾線埋進別針空隙之中，夾緊並確實地藏好線頭。

12 完成。

五金組合

圓座兩用夾

1 準備 1 個圓座兩用夾，1 條 6cm 銀色緞帶與熱融膠。

2 剪除作品尾部銅線，保留約 1cm 即可。

3 以熱熔槍在外圍塗上一層薄膠。

4 以同色系緞帶一邊繞圓一邊黏膠固定。

5 完成一個圓形後剪掉緞帶。

6 將圓座兩用夾薄薄地塗上一層熱融膠備用。

7 確認緞帶纏繞的大小與圓座兩用夾形狀儘量吻合。

8 在緞帶上也塗上一層熱融膠待乾，此步驟能使兩物件黏接得更牢固。

9 再以熱熔槍黏合兩物件。

10 趁熱熔膠尚未冷卻與固定時，以鉗子夾緊，減少厚度。

11 完成。

Point
銅線與五金無法單靠膠材黏合牢固，日久會容易鬆脫，因此加入新媒介「緞帶」使兩者能緊密黏合，不易脫落！建議準備金銀兩色緞帶，依照作品主幹和五金色系整體感搭配運用。

圓座帽針

1 準備1個圓座帽針、1捲銅線（搭配成品同色系）。

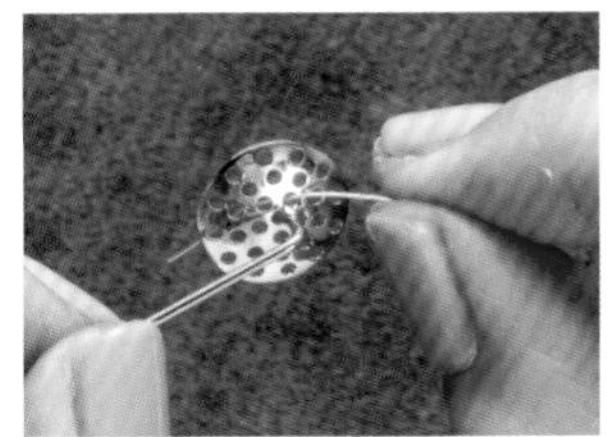

2 將銅線穿過帽針孔，下壓加線約2cm。

3 回穿至對稱邊孔。

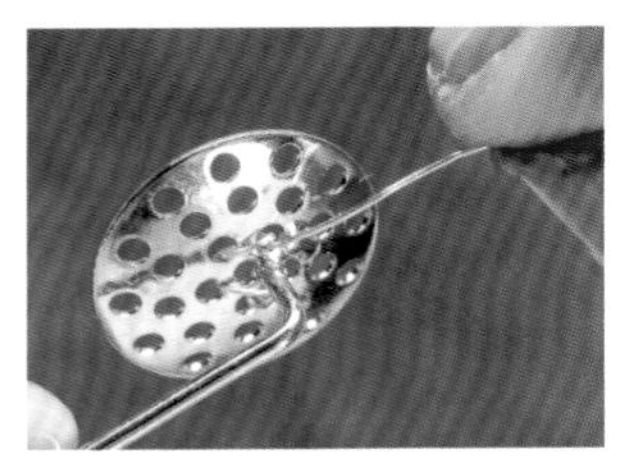

4 重複動作兩次，以確保銅線固定。

5 將圓座帽針擺至適當位置，使兩物件重疊後纏繞貼合。

6 以銅線從別針背面繞往主飾品枝幹，再繞回背面穿入孔中，以此作法來回數次使兩物件緊密纏繞。

7 完成。

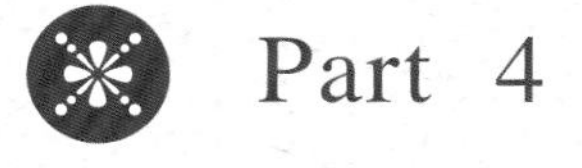

Part 4 組合示範

How to make

櫻・精靈 Cherry Blossom Fairy

材料

主花 B・C……櫻花

爪鑽 各 1 顆
3mm 黃水晶角珠 各 3 顆
3mm 白水晶角珠 各 3 顆
大琉璃花瓣 各 5 顆

配花 F

爪鑽 1 顆
3mm 黃水晶角珠 2 顆
3mm 白水晶角珠 2 顆
小琉璃花瓣 3 顆

配花 H

爪鑽 1 顆
3mm 黃水晶角珠 3 顆
3mm 白水晶角珠 3 顆
小琉璃花瓣 5 顆

枝線 A……樹枝雙邊加珠技法

琉璃葉形珠 3 顆
玫瑰金珠（3 組花形葉）18 顆

枝線 D……樹枝雙邊技法

琉璃葉形珠 4 顆

枝線 E……直線單邊技法

玫瑰金珠（3 組花形葉）18 顆

枝線 G……單葉加花葉珠技法

琉璃葉形珠 4 顆
玫瑰金珠（3 組花形葉）18 顆

線材

QQ 線、20G・28G 玫瑰金銅線

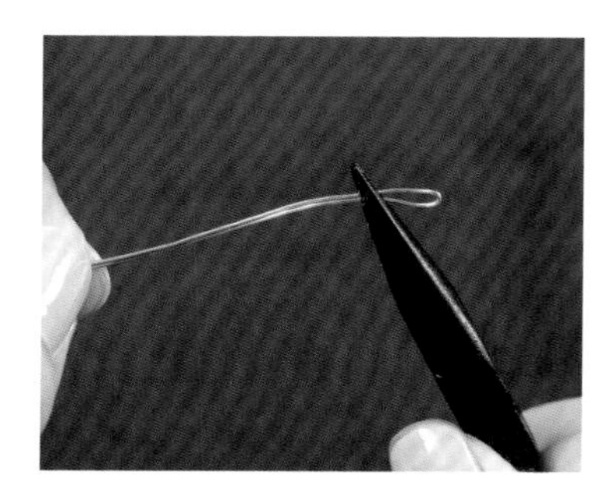

1 取 1 條 20G 玫瑰金銅線約 10cm，留一圈環後對折。

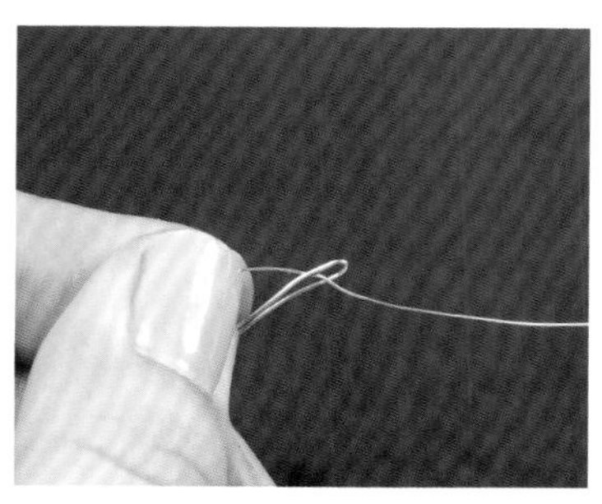

2 另取 28G 銅線穿過圈環，下壓加線約 2cm。

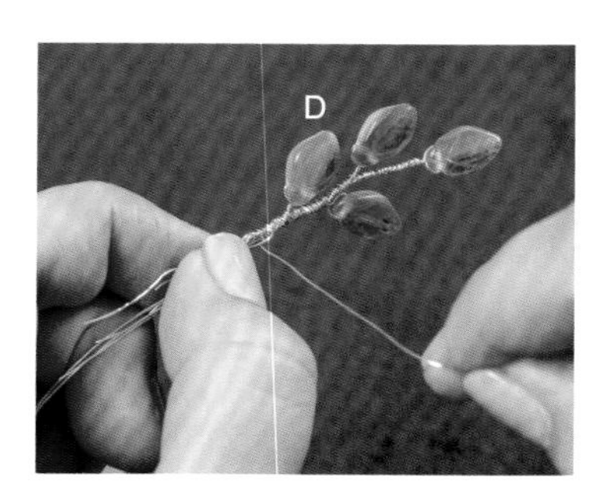

3 將 D 疊於銅線下方順齊尾線，繞緊 5 圈。

4 在線停留處以鉗子將 F 打彎加入。

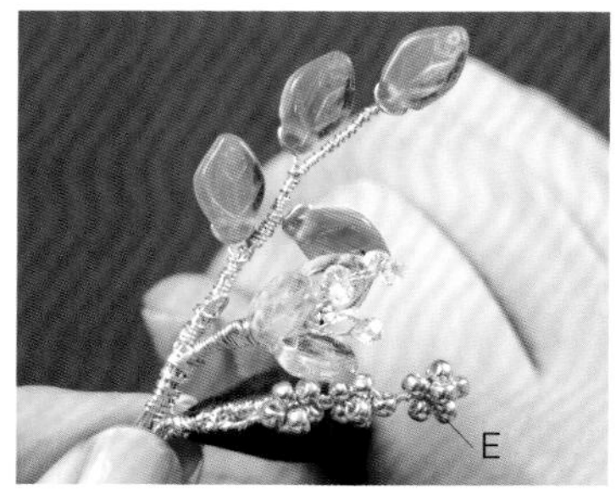

5 順著主幹繞線 12 圈後，在線停留處加入 E，再緊繞 5 圈。

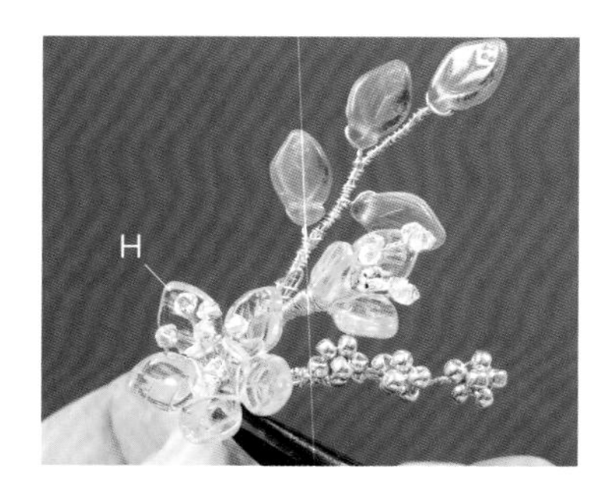

6 以鉗子將 H 打彎弧度加入。

7 完成「第Ｉ組枝材」。

8 取 G 加入銅線後，順時鐘繞 20 圈。

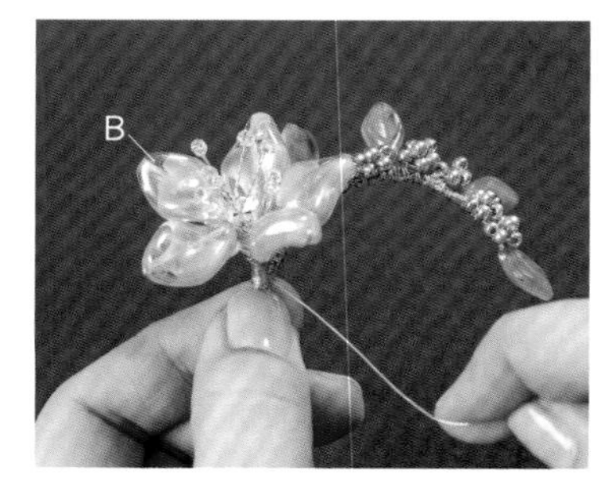

9 在線停留處加入 B，剪斷銅線，完成「第Ⅱ組枝材」。

10 將所有枝材先排列出大致的雛形。

11 將「第 I 組枝材」的 H 跨線加入新銅線。

12 以平口鉗將「第 II 組枝材」緊密接合於「第 I 組枝材」右下方。

13 在左下方加入 A。

14 最後將 C 打彎弧度加入。

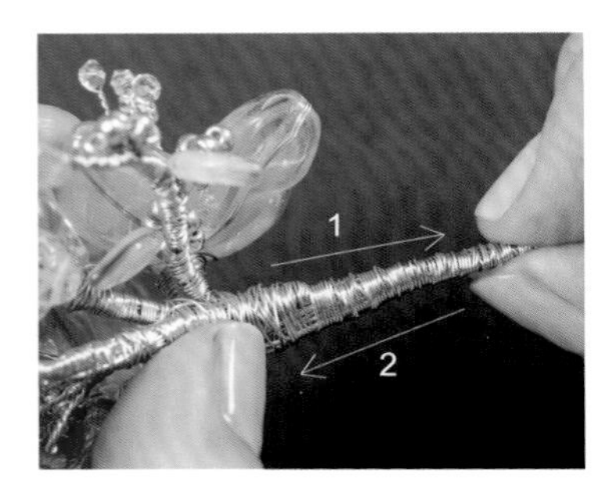

15 順時針繞線至底部後，再繞回收線。

16 完成！

How to make

梅・姿 The Graceful

材料

主花 G……梅花花苞

爪鑽	1 顆
2mm 金銅珠	6 顆
琉璃花瓣	3 顆

主花 E……含苞梅花

爪鑽	1 顆
2mm 金銅珠	12 顆
琉璃花瓣	5 顆

主花 F……盛開梅花

爪鑽	1 顆
2mm 金銅珠	10 顆
琉璃花瓣	5 顆

A 枝線

大頭水滴珠	2 顆
20g 金銅線約	6cm

B 枝線

20g 金銅線約	4cm

C 枝線

大頭水滴珠	2 顆
2mm 金銅珠	1 顆
20g 金銅線約	12cm

D 枝線

大頭水滴珠	3 顆
2mm 金銅珠	1 顆
20g 金銅線約	8cm

線材

QQ 線、20G・28G 金色銅線

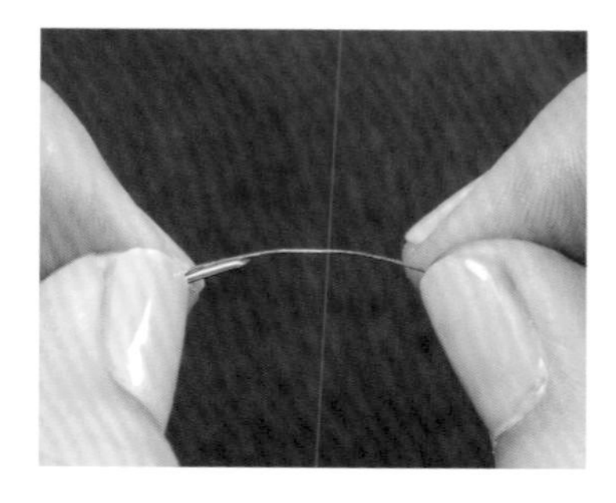

1 取 1 條 20G 金銅線與 1 條 28G 銅線，兩線頭平行交疊約大姆指長。

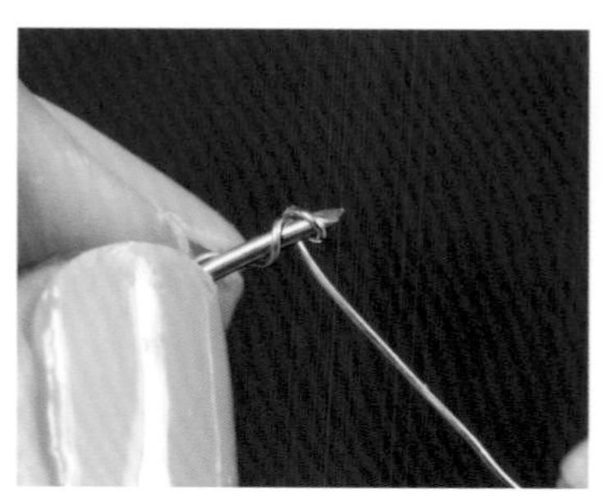

2 以 28G 銅線另一端下壓加線，綑繞 20G 銅線拴緊 2 圈。

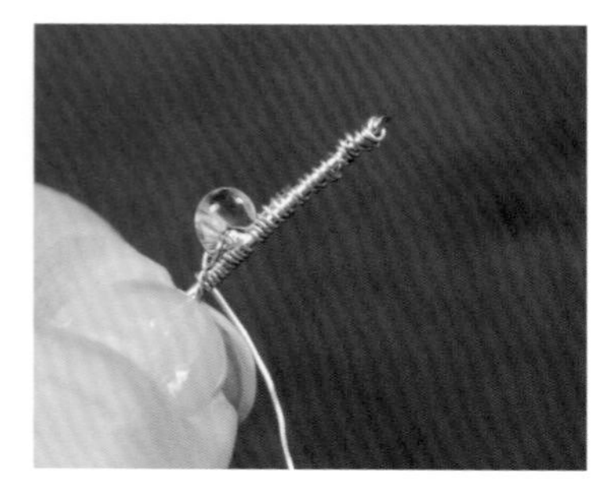

3 順時針繞線約 2cm 後，加入 1 枝大頭水滴珠。

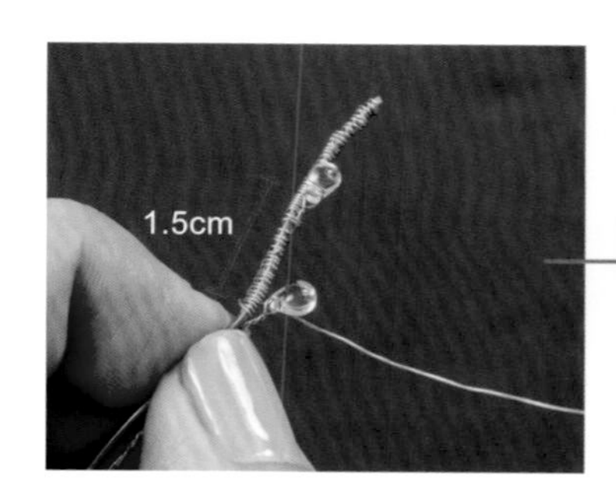

4 約 1.5cm 處加入第 2 枝大頭水滴珠，繞線 3cm 後，與尾線齊長剪線。以同樣作法製作出 ABCD 四組不同長度變化的枝線。

5 取 C 加線後，將 G 以鉗子打彎弧度加入。

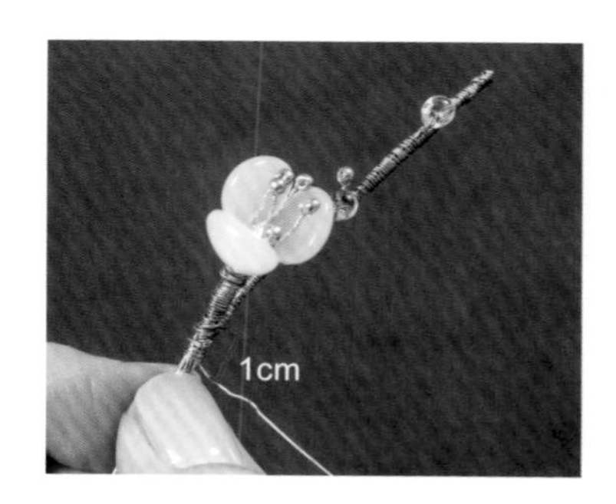

6 順線下繞約 1cm。

7 以鉗子將 D 打彎弧度。

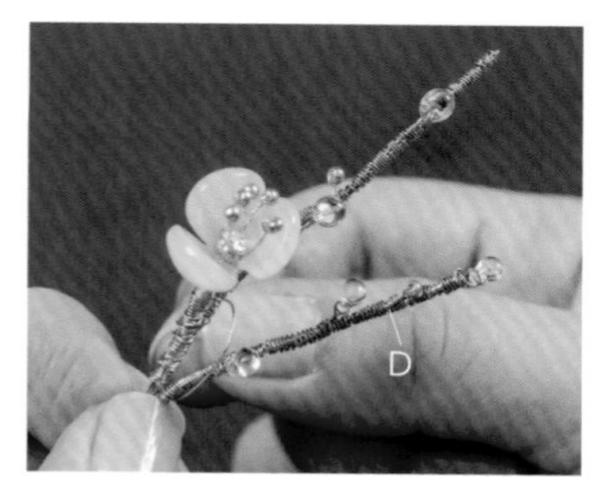

8 銅線由下至上跨過 D 後，將線加於主枝幹右側。

9 以鉗子將 F 打彎弧度加入中間主幹。

10 順線下繞約 1cm，在左側加入 B，繞 3 圈固定。

11 以鉗子將 A 打彎成 90 度後，加於右側下方。

12 跨線動作務必確實，以避免枝幹脫落。

13 最後加入 E。

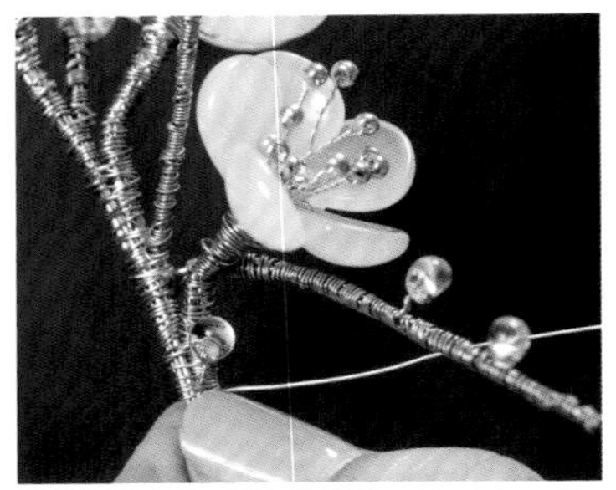

14 在主枝幹上點綴大頭珠水晶珠。

15 加上別針（P.89）。

16 完成！

How to make

天使加百列 *Gabriel*

材料

花蕊 C……百合

水滴形水晶	3 顆
3mm 珍珠	3 顆
3mm 水晶角珠	30 顆

花瓣……鏤空葉技法

A・1 顆 5mm 水晶角珠＋ 54 顆 3mm 珍珠（3 顆 1 組）
B・1 顆 5mm 水晶角珠＋ 54 顆 3mm 圓形水晶珠（3 顆 1 組）

線材

QQ 線 ・28G 鍍銀銅線

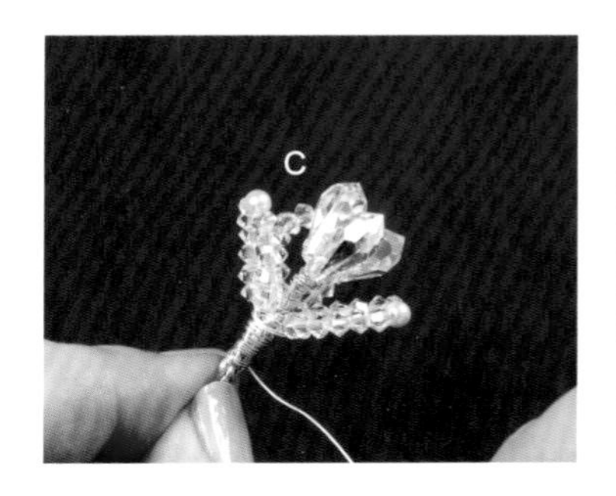

1 取 C 加入銅線繞至 1cm 處停留。

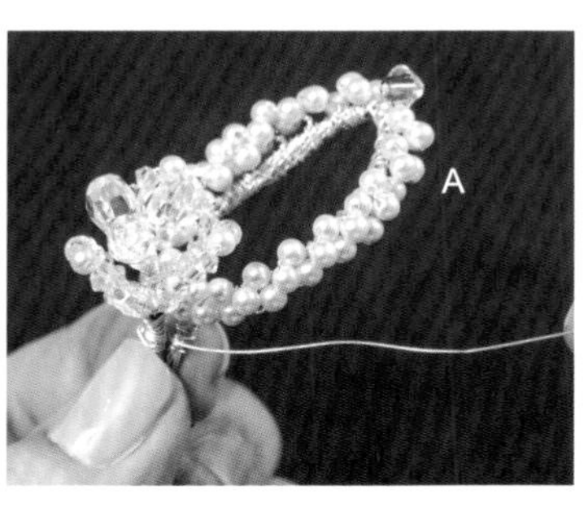

2 在線停留處加入 A，拴緊繞 3 圈。

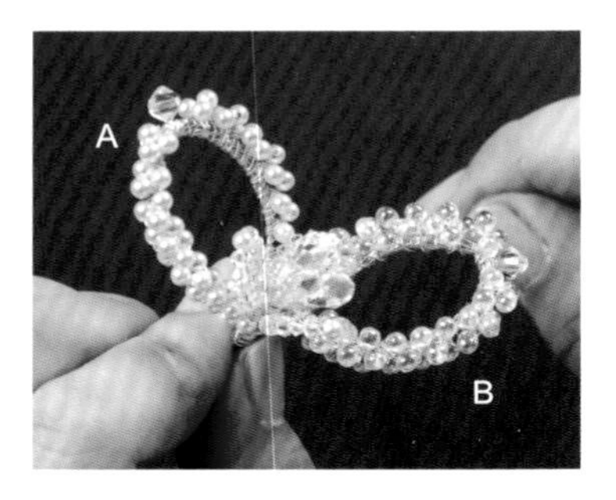

3 在同一平面上順時針加入 B，拴緊繞 3 圈。

4 在同一平面上順時針加入 A，拴緊繞 3 圈。

5 依序間隔完成五花瓣後，自背面黏上兩用夾（P.90）。

6 完成！

How to make

繁華若夢 *Empress's Dream*

材料

主花 E……蝴蝶蘭

爪鑽	1 顆
天然珍珠母貝	3 顆
蛋白色馬眼鋯石	2 顆
2mm 水晶珠	3 顆

枝線 A……串珠回繞技法

2mm 銀珠（12・14・16）	42 顆
3mm 水晶珠	4 顆

枝線 B……串珠回繞技法

2mm 銀珠（14・16・18）	48 顆
3mm 水晶珠	4 顆

枝線 C……雙邊樹枝技法

水滴形珠	3 顆

枝線 D……串珠回繞技法

2mm 銀珠（18・21・24）	63 顆
3mm 水晶珠	4 顆

枝線 G……串珠回繞技法

2mm 銀珠（21・24・27）	72 顆
3mm 水晶珠	4 顆

枝線 F……直線單邊技法

3mm 角珠	13 顆

線材

QQ 線、28G 鍍銀銅線

1 先將製作好的扇形葉打薄，剪掉部分銅線以減少組合厚度。

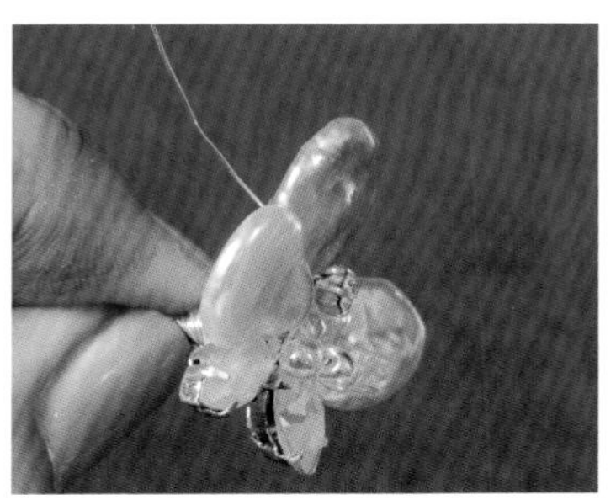

2 取主花 E 跨花蕊中心加線。

3 在 11 點鐘方向加入 1 枝 A，底部拴緊繞 3 圈。

4 在 5 點鐘方向再加入 1 枝 A，底部拴緊繞 3 圈。

5 在 3 點鐘方向加入 C，使枝材往外延伸保持珠子完整可見，在底部拴緊繞 3 圈。

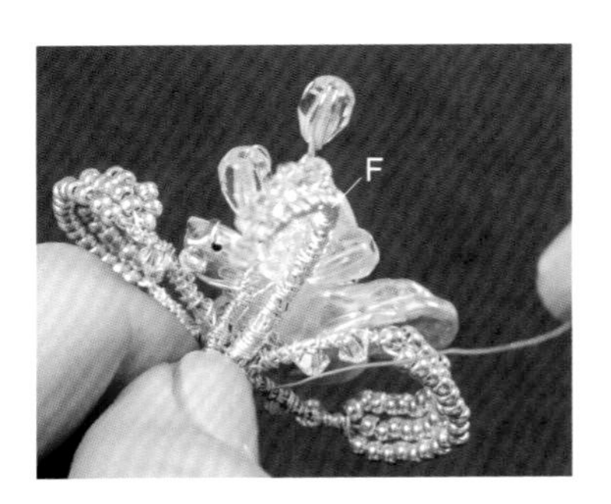

6 在 C 旁加入 F。

7 兩瓣 A 之間再加入 1 枝 B，底部拴緊繞 3 圈。

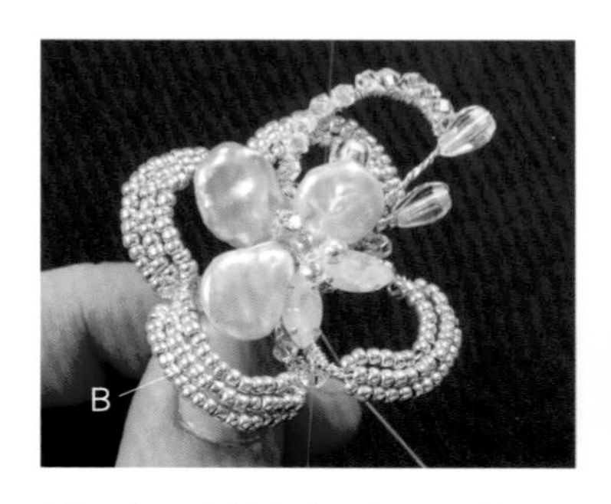

8 在 8 點鐘方向再加入 1 枝 B，底部拴緊繞 3 圈。

9 在空隙處加入 C，使枝材往外延伸保持珠子完整可見，底部拴緊繞 3 圈。

10 依序在 12 點與 6 點鐘方向加入 D，再在 3 點與 9 點鐘方向加入 G。

11 黏上兩用夾（P.90）。

12 完成！

How to make

花漾三重奏 *Floral Trio*

材料

主花 A……繡球花

天然珠母貝　4 顆
4mm 珍珠　1 顆

枝線 B……管珠葉技法

透彩三角珠　1 顆
淡藍管珠　6 顆
淡藍小珠　15 顆

枝線 C……單葉技法

菱形貝殼珠　1 顆

線材

QQ 線、28G 鍍銀銅線

1 取 1 朵 A 加入銅線。

2 加入第 2 朵 A 花。

3 將 3 朵 A 花排列成三角形，以中心點為花面最高點。

4 以剛製作好的三角形為中心點，放射狀加入其他 A 花，塑成一個圓形面。

5 完成 9 朵 A 花組合後，將外圍花以跨線加強固定，防止脫落。

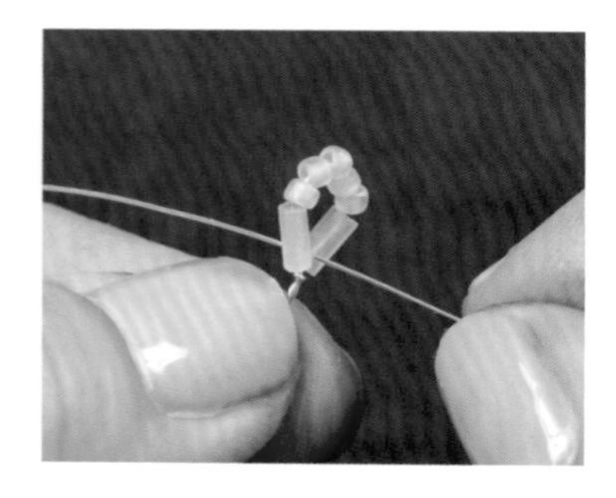

6 取一銅線穿過 1 枝管珠葉，下壓加線約 2cm。

7 將 3 枝管珠葉組合排成扇形，在中心處加入三角珠點綴。

8 完成 1 組 B。共製作 3 組備用。

9 取 2 枝 B 等高排列，以跨線技法將 2 枝 B 組合在一起。

10 取 2 枝 C 等高排列。

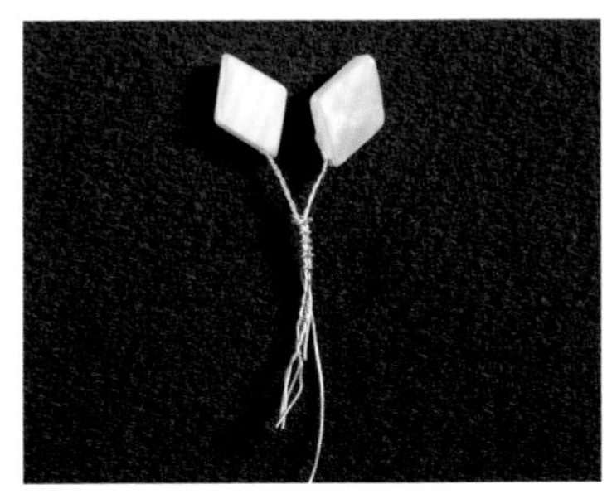

11 同樣以跨線技法將 2 枝 C 組合在一起備用。

12 另取 1 組 B、1 枝 C 等高排列。

13 同樣以跨線技法將 B、C 組合在一起備用。

14 以平口鉗輕輕地調整花形角度。

15 自花朵中心跨線後加入新線。

16 在 1 點鐘方向加入步驟 10 組合好的枝材。

17 在 2 點鐘方向加入步驟 9 組合好的枝材。

18 最後將步驟 13 組合好的枝材垂直打彎弧度，加於 5 點鐘方向。

19 順齊所有尾線材。

20 將尾部銅線以平口鉗向內彎折。

21 剪斷多餘的線材。

22 順時針纏繞材線至底部。

23 繞至底部後再繞回原點。

24 再次以銅線跨過一個枝材，以防線材脫落。

25 剪斷銅線。

26 以尖嘴鉗將尾線埋進空隙中藏線。

27 完成！

How to make

珍珠唯一 *Pearl Only*

材料

主花 E……勿忘我

1 顆爪鑽＋ 8 顆 3mm 珍珠＋ 5 顆 8mm 珍珠

透明枝葉……樹枝雙邊技法

A・透明米粒珠　11 顆
B・透明米粒珠　15 顆
F・透明米粒珠　7 顆

珍珠枝葉……三顆葉＋直線單邊技法

C・7 組三顆葉／7 顆 6mm 珍珠 +14 顆 3mm 珍珠
D・9 組三顆葉／9 顆 6mm 珍珠 +18 顆 3mm 珍珠

枝葉 G……單葉技法

3 顆 8mm 珍珠／取四指線長

枝葉 H……單葉技法

2 顆 5mm 水晶角珠／取四指線長

線材

QQ 線・28G 鍍銀銅線

1 取 D 加入銅線，順時針繞 5 圈。

2 在線停留處右側加入 C，拴緊 3 圈。

3 使加線的尾線與主幹齊長，剪斷銅線。

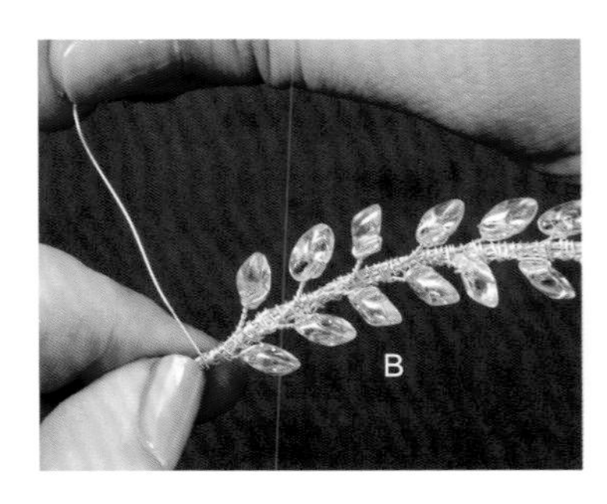

4 取B加入銅線，順時針繞5圈。

5 在線停留處右側加入 A，拴緊 3 圈。

6 以平口鉗將 F 打彎，使尾部銅線平行。

7 將 A・B・F 皆綁在一起後，拴緊繞 3 圈。

8 綁製好的 A・B・F（步驟 7）保留原線，再順時針往下繞 5 圈，約 1cm。

9 將主花 E 以鉗子打彎加入線停留處。

10 在底部繞3圈將兩者綁在一起後，加入G使其微微突出約2cm，繞1圈綁緊。

11 參考完成圖依序加入G．H，作出高低層次排列組合。

12 將組合好的C．D（步驟2）打彎後加入左下。

13 整體組合完成後，剪斷銅線。

14 在成品背面黏上兩用夾（P.90）。

15 完成！

舞蝶幻想 *Fantasia*

材料

主花 E……紫羅蘭

3mm 紫珍珠	6 顆
紫琉璃花瓣珠	6 顆
白琉璃花瓣	5 顆

鏤空葉 B・C……鏤空枝葉技法

3mm 紫珍珠（3 組花形葉）	各 18 顆
3mm 紫珍珠	各 17 顆

枝線 A……雙邊樹枝技法

紫琉璃花瓣珠	6 顆

枝線 D……直線單邊技法

透彩水滴珠	4 顆
紫珍珠	4 顆

枝線 F……樹枝雙邊加珠變化技法

3mm 紫珍珠	3 顆
紫琉璃花瓣珠	6 顆
3mm 紫珍珠（3 組花形葉）	18 顆

線材

QQ 線、28G 鍍銀銅線

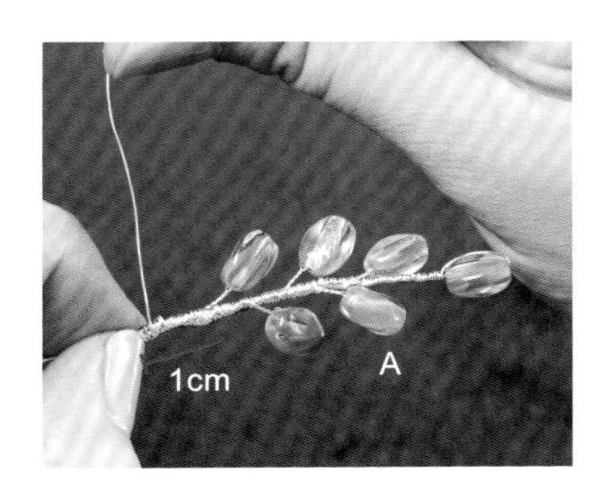

1 取 A 加入銅線，繞至 1cm 處停留。

2 在線停留處右側加入 C，拴緊繞 3 圈。

3 在主幹中心加入主花 E，順時針繞 5 圈。

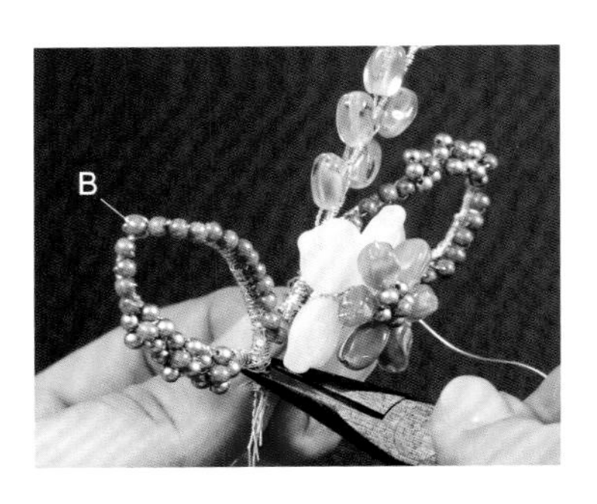

4 以鉗子將 B 打彎加在左側線停留處，拴緊繞 3 圈。

5 檢視背部線材是否順齊。

6 將 F 以平口鉗垂直打彎 90 度，加於主枝幹正下方，拴緊繞 3 圈。

7 將 D 以平口鉗垂直打彎 90 度，加於主枝幹右下方，拴緊繞 3 圈。

8 將尾部銅線順齊後繞 5 圈後剪線，綁上別針。

9 完成！

桑格花之戀 *Pursuing Happiness*

材料

主花 E……桑格花

蛋白石爪鑽	1 顆
金銅珠	12 顆
藍釉彩珠	6 顆

枝線 A……樹枝雙邊加珠變化技法

藍色水滴鋯石	3 顆
藍色小三角珠（3 顆 1 組）	42 顆

枝線 B……雙邊樹枝技法

菱形蛋白琉璃珠	3 顆

枝線 F……雙邊樹枝技法

菱形蛋白琉璃珠	2 顆
藍色小三角珠（3 顆 1 組）	9 顆

枝線 C……直線單邊技法

菱形蛋白琉璃珠	1 顆
藍色大三角珠	4 顆
藍色小三角珠（1 組：1 大 2 小）	8 顆

枝線 G……雙邊樹枝技法

菱形蛋白琉璃珠	4 顆

枝線 D……直線單邊技法

菱形蛋白琉璃珠	2 顆
藍色大三角珠	6 顆

枝線 H……直線單邊技法

菱形蛋白琉璃珠	1 顆
藍色大三角珠	6 顆
藍色小三角珠（1 組：1 大 2 小）	12 顆

線材

QQ 線、28G 鍍銀銅線

B×3
C×1
A×1
D×1
E×1
G×1
F×1
H×1

1 取 E 主花以銅線穿過花瓣進行加線。

2 加入 D。

3 以鉗子讓 E、D 兩者緊密結合於底部。

4 以指尖輕拉，將 D 圍呈半圓圈，襯托主花，完成「第Ⅰ組枝材」。

5 取一銅線順時針纏繞 G 約 1.5cm。

6 在線停留處左側綁入 B，順時針纏繞約 1.5cm。

7 在線停留處右側綁入 F 剪線後，完成「第Ⅱ組枝材」。

8 將 C、H 上下交疊組合，變出 C 字形的弧度。

9 在 C 字缺口中加入 1 組 B，組合在一起後剪斷銅線，完成「第Ⅲ組枝材」。

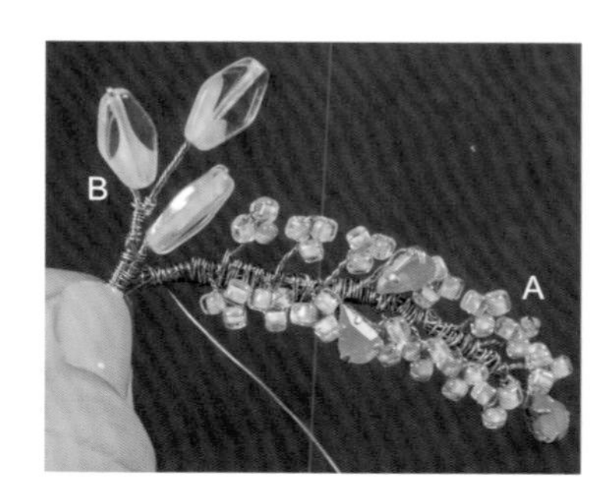

10 取一銅線順時針纏繞A約1cm，加入B。組合在一起後，剪斷銅線，完成「第IV組枝材」。

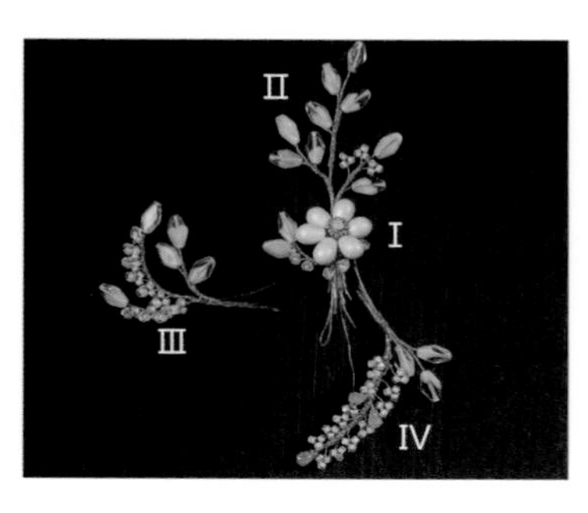

11 將所有枝材先排列出大致的雛形。

12 取「第II組枝材」。跨線加入新銅線

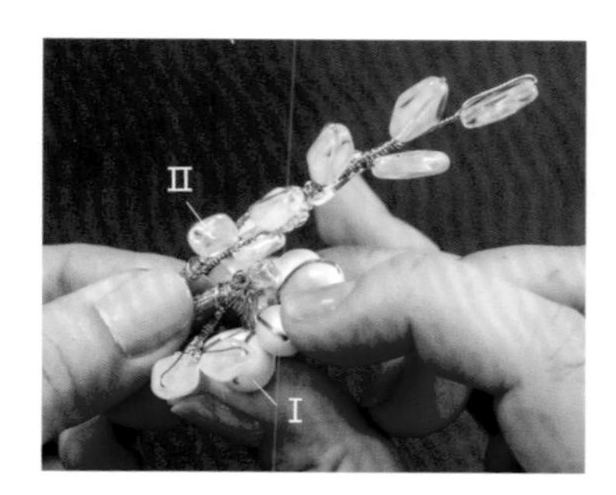

13 將「第I組枝材」打彎90度緊密接合，於底部繞5圈後拴緊。

14 以尖嘴鉗輔助壓合。

15 將「第III組枝材」打彎弧度。

16 加於左側。

17 「第IV組枝材」打彎弧度。

18 加於右下方。

19 順齊所有尾線材。

20 將尾部銅線以平口鉗向內彎折。

21 剪斷多餘的線材。

22 順時針繞整線材至末端。

23 確實繞好後再繞回原點。

24 跨過一個枝材繞線，以防線材脫落。

25 於底部繞線 3 圈固定。

26 剪斷銅線以尖嘴鉗將尾線埋進空隙中藏線，壓緊線頭避免脫線。

27 完成！

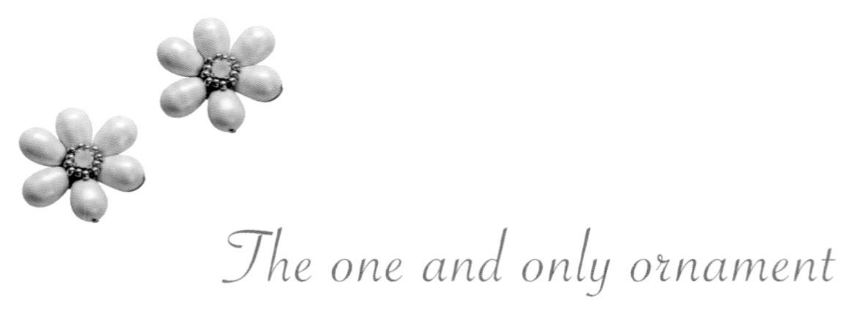
The one and only ornament

Photo／作者提供
攝影師／ Gary Chiu
模特兒／張凱堤

Photo／作者提供
攝影師／黃明憲

【FUN手作】108
新古典浪漫美學・手製珠寶花飾
以琉璃珠・珍珠・天然母貝串起純粹之美＆永恆的幸福

作　　者／葉雙瑜
花藝指導／黃則瑩
專案協助／江伶怡
視覺協助／賴亭宇
彩妝造型／Judy Jasmine
發 行 人／詹慶和
總 編 輯／蔡麗玲
執行編輯／陳姿伶
編　　輯／蔡毓玲・劉蕙寧・黃璟安・李佳穎・李宛真
執行美編／周盈汝
美術編輯／陳麗娜・韓欣恬
攝　　影／數位美學・賴光煜
封面圖片攝影／淬戀影像・吳建樺
出 版 者／雅書堂文化事業有限公司
發 行 者／雅書堂文化事業有限公司
郵政劃撥帳號／18225950
郵政劃撥戶名／雅書堂文化事業有限公司
地　　址／220新北市板橋區板新路206號3樓
電　　話／(02)8952-4078
傳　　真／(02)8952-4084
網　　址／www.elegantbooks.com.tw
電子郵件／elegant.books@msa.hinet.net

2016年11月初版一刷　定價 580 元

總經銷／朝日文化事業有限公司
進退貨地址／新北市中和區橋安街15巷1號7樓
電話／(02) 2249-7714　傳真／(02) 2249-8715

國家圖書館出版品預行編目資料

新古典浪漫美學.手製珠寶花飾：以琉璃珠.珍珠.天然母貝串起純粹之美＆永恆的幸福 / 葉雙瑜著. -- 初版. -- 新北市：雅書堂文化, 2016.11
面；　公分. -- (Fun手作；108)
ISBN 978-986-302-338-8(平裝)

1.裝飾品 2.手工藝

426.9　　105019655